机械制造现场实用经验丛书

铣削技术经验

郑文虎　编著

U0261236

中国铁道出版社

2013年·北京

内 容 简 介

　　本书以图文并茂的形式介绍了铣削工艺和难切削材料的铣削。全书共两章 10 节,总计 123 条现场实用技术经验,可供铣工(包括数控铣工)借鉴、参考和运用,也可供相关技术专业师生和工艺人员参考。

图书在版编目(CIP)数据

铣削技术经验/郑文虎编著 . —北京:中国铁道
出版社,2013.11
　ISBN 978-7-113-17355-5

　Ⅰ.①铣…　Ⅱ.①郑…　Ⅲ.①铣削—生产工艺　Ⅳ.
①TG54

中国版本图书馆 CIP 数据核字(2013)第 221648 号

书　名:	机械制造现场实用经验丛书 **铣削技术经验**
作　者:	郑文虎　编著

责任编辑:徐　艳　　电话:010-51873193
编辑助理:张卫晓
封面设计:崔　欣
责任校对:马　丽
责任印制:郭向伟

出版发行:中国铁道出版社(100054,北京市西城区右安门西街 8 号)
网　　址:http://www.tdpress.com
印　　刷:北京鑫正大印刷有限公司
版　　次:2013 年 11 月第 1 版　　2013 年 11 月第 1 次印刷
开　　本:850 mm×1168 mm　1/32　印张:6.125　字数:157 千
书　　号:ISBN 978-7-113-17355-5
定　　价:21.00 元

前　言

　　社会生产技术是不断总结经验发展、提高和进步的。铣削加工同车削加工和磨削加工是机械加工的三个基础加工工艺技术工种，各个制造领域都离不开它。在机械加工中的地位十分重要。

　　"经验是实践得来的知识或技能"。技术经验是运用技术理论的结晶，技术经验是实践运用技术理论进行总结的升华，技术经验是解决生产技术难题的捷径。一个人要想为国家和企业做出更大的贡献，实现人生最大价值和理想，除努力学习和实践外，还要学习、借鉴和运用他人的技术经验，来提高在生产实践中的应变能力，促进技术进步和生产发展。

　　此书是总结编者 50 多年在铣削方面的技术经验和收集社会上技术经验而成。内容包括铣削工艺和难切削材料的铣削，共两章 10 节 123 条技术经验。

　　在编写的过程中，得到中国北车集团北京南口轨道交通机械有限责任公司的大力支持，同时也参考了相关作者的资料，在此一并表示衷心地感谢！由于编者水平所限，书中难免有错误之处，恳请读者指正。

编者

2013 年 7 月 5 日

目　录

第一章 铣削工艺

第一节 平面工件的铣削

1. 铣削矩形六面体工件的步骤

铣矩形六面体时，一般采用立式铣床，端面铣刀，用平口钳装夹工件进行各表面加工，保证各面间的平行度和垂直度，其铣削步骤如下(图 1-1)：

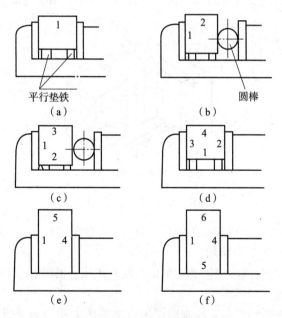

图 1-1　矩形六面体铣削步骤

(1)首先从工件毛坯上选择相邻的和相对平整的两面作为定位的粗基准平面，侧面靠向固定钳口，底面靠实在平行垫铁上，用活动钳口夹紧,铣工件 1 表面,如图 1-1(a)所示。

(2)把已铣平的 1 表面靠向固定钳口,工件底面用平行垫铁垫实,为了防止活动钳口夹紧后工件 1 面不能紧靠固定钳口表面,采用一根直径为 φ8～φ12 mm 的圆棒垫在活动钳口和工件之间,再用活动钳口夹紧工件,铣工件 2 面,如图 1-1(b)所示。

(3)用铣平的 1、2 表面作精定位表面,安装方法同上,铣第 3 表面,如图 1-1(c)所示。

(4)用铣平的 1、3 表面作精定位表面,靠紧在固定钳口和平行垫铁上,用活钳口夹紧,铣第 4 面,如图 1-1(d)所示。

(5)用铣平的 1 面和一端的毛坯面作定位基准,把 1 面靠在固定钳上,用活动钳口夹紧后,用直角尺找正 3 面,使其要铣的 5 面垂直于已铣过的各面,然后铣 5 面,如图 1-1(e)和图 1-2 所示。

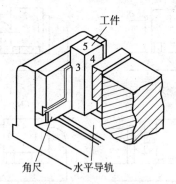

图 1-2　找正 3 面垂直度

(6)用 1 面和 5 面为定位基准,并用直角尺找正,夹紧后铣第 6 面,如图 1-1(f)所示。

粗铣后,再按精铣的切削用量调整机床,同样按上面的步骤精铣各表面。

注意要用百分表检测固定钳口与铣床工作台的垂直度;为了使工件底面与平行垫铁接触实,在用锤敲击工件上面时,用力要先重后轻,以避免工件反弹造成有间隙,而影响工件平行度。

2. 垂直平面的铣削

所谓铣垂直平面,就是要求铣出的平面与基准平面垂直。在立铣床上和卧铣床上,只要把工件基准平面分别装夹得与铣床工作台垂直或平行就可以了。

(1)在立铣上铣垂直面。把机用平口钳安装在铣床工作台台面上,只要把工件基准平面与固定钳口紧密贴靠即可。如果工件的垂直度要求较高时,可用百分表及配合上下移动工作台的方法,找正工件基准平面,使其在 200 mm 长度内,误差小于 0.03 mm,如图1-3所示。

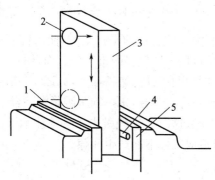

图 1-3　在立铣上用平口钳装夹工件
1—固定钳口;2—百分表;3—工件;4—圆柱棒;5—活动钳口

(2)在卧铣床上铣垂直面。对于工件尺寸较大或形状复杂,则采卧铣用端铣刀加工。把工件基准面放在工作台台面上,用压板和螺栓将工件压紧,用端铣刀铣削垂直面,如图1-4所示。

3. 使用平口钳夹紧工件时使工件基准面贴实水平导轨面或垫铁的方法

平口钳适用于装夹尺寸较小的工件,铣削平面或其他表面的工件。若工件基准面与平口钳水平导轨紧密地贴合,铣出的工件上表面和基准面平行。对于尺寸较小或厚度较薄的工件,可在工

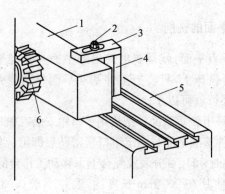

图 1-4 在卧铣上用端铣刀铣垂直平面
1—工件;2—螺栓;3—压板;4—垫铁;5—工作台;6—铣刀

件下面垫经过磨削尺寸合适的平行垫铁,使工件基准面与垫铁紧密贴合。夹紧后可用铜锤轻轻敲击工件上面,用手移动垫铁两端,若无松动现象,即说明工件与垫铁贴实,如图 1-5 所示。同时也可以用敲击时听觉的虚实声音,来辨别是否紧密贴合。虚的声音,表示工件悬空有间隙,这时必须轻敲击工件才能消除。否则敲击的力大,工件反弹造成工件下面产生间隙。

图 1-5 用平口钳装夹铣平面

4. 铣削平面时防止工件中部凹的方法

在用端铣刀铣平面时,工件出现中部凹的现象,其主要原因是铣床主轴的轴线与工作台的进给方向平面不垂直;用圆柱铣刀铣削时,因圆柱铣刀的圆柱度误差大,中部直径大所致。防止的方法:在用端铣刀铣削平面度要求高的平面前,首先要检测铣床主轴的轴线与工作台进给方向平面的垂直度。检测与调整方法是在铣床主轴端面吸一个磁力表座,在上面装上一块百分表,使测量杆垂直于工作台面,表测头随主轴回转直径大于 200 mm,用手慢慢转动铣床主轴,看百分表在左右方向的误差值。误差值大,说明主轴的轴线与工作台的误差大,反之则小。尽量调整使误差值接近于零。如用圆柱铣刀铣削平面时,工件平面度不合格,就应更换新的铣刀或重新磨好再用。

5. 铣脆性材料平面时防止"崩边"和"折角"的方法

脆性材料是指伸长率 δ 很小或为零的材料,如常用的铸铁、铸铜和一些非金属材料。它们的抗弯强度 σ_{bb} 很低,当受到外力作用时,易崩裂。铣削这些材料时,易出现"崩边"和"折角",其原因:切削深度和进给量过大,造成切削力大;刀具磨损严重,挤压力大;刀具的前角和后角太小;端铣刀的主偏角大,致使切入切出不平稳。防止的方法:端铣刀的主偏角 $\kappa_r \leqslant 75°$,使切入切出平稳;对于已达到磨钝标准的刀具(片)要及时更换,以保持刀具锋利;粗铣时,适当减小每齿进给量。

6. 铣平面时降低表面粗糙度值的方法

铣平面时,工件表面粗糙度值大的原因:进给量大或进给不均匀;铣刀不锋利或端铣刀径向与轴向刀齿高低误差大;铣床导轨与铣床主轴的间隙大造成的振动;夹具、工件和刀具刚度差引起的振动;工件表面有刀具"深啃"现象;切削用量和切削液选择不合理等。防止的方法:在精铣时,要调整可转位端铣刀刀片高低的一致性;适当减小每齿进给量和适当提高切削速度(硬质合金刀具),以防积屑瘤产生;采用润滑性能好的切削液,以抑制积屑瘤的产生;检查和调整刀杆弯曲程度符合要求;采用辅助支承提高夹具和工件刚度;对铸铁和铸铝工件精铣时,a_p<0.1 mm,并用煤油润滑;调整铣床导轨间和主轴轴承的间隙,以减小振动;对有色金属工件,可采用人造聚晶金刚石复合片(PCD)和人造金刚石厚膜钎焊刀具(CVD)进行铣削,不仅表面粗糙度好,而且可使切削速度比硬质合金刀具提高5倍以上。

7. 用圆柱铣刀铣平面时防止"深啃"的方法

这种"深啃"的不良现象是因为在铣削时,铣刀和刀杆受切削力的作用而向上抬起,当工作台停止进给运动后,刀杆轴受切削力的作用减小,刀杆弹性恢复,这时加工表面就会铣出一个凹坑的痕迹,如图1-6所示,这种现象习惯称为"深啃"。为了防止这种现象的产生,在铣削过程中,如果需要停止工作台的进给运动,应先把铣床工作台下降一点,使铣刀脱离加工表面后,再停止进给运动或停机,就可防止这种不良的现象产生。

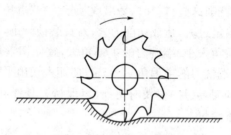

图1-6　工件表面"深啃"现象

8. 用平口钳装夹圆锥轴和斜面工件的方法

一般的情况下,平口钳(也即机用虎钳)只能夹持两面相对平行平面的工件,进行铣削平面等加工。若遇到要装夹圆锥轴或两面相对不平行的工件时,可在平口钳钳口之间增加一个弧形垫块,如图1-7和图1-8所示,它就可以随工件的形状在夹紧的过程中,自动调整角度而夹紧工件。

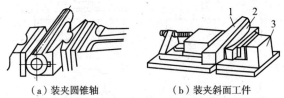

（a）装夹圆锥轴　　　　（b）装夹斜面工件

图 1-7　平口钳夹持特形工件的钳口弧形垫

1—工件；2—弧形垫；3—平口钳

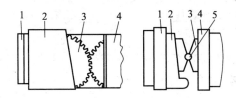

图 1-8　平口钳夹持斜面的工件

1—固定钳口；2—工件；3—夹持垫；4—活动钳口；5—圆柱销

9. 用压板和螺栓装夹工件防止工件变形的方法

工件在加工时装夹不合理，将会直接影响到工件的变形，同时也会影响到工件加工后的形位精度，甚至会使工件报废。在用压板压紧形状和结构复杂、薄壁和壳体工件时，此问题更为突出。为了减小夹紧时对工件变形的影响，合理选择夹紧点和夹紧时压板的使用方法及夹紧力的大小更为重要。用压板压紧工件的方法，如图 1-9 所示。

压板螺栓应尽量靠近工件，而不是靠近垫铁，如图 1-9（a）所示，这样可以增加力臂保证夹紧可靠；压板垫铁的高度应保证压板在受力后不发生倾斜，如图 1-9（b）所示，以免使螺栓受到弯曲力，使压板与工件接触不良和使工件产生位移与变形；压板在工件上的压紧点的位置，应尽量靠近工件的加工部位，所用的压板的数量不得少于两个，并且工件受压处下面不允许有不实和悬空，以防止工件产生弹性变形，如图 1-9（c）、（d）所示；垫铁必须正确放在压板下面，高度应与工件等高或略高于工件高度，否则会降低压紧力，

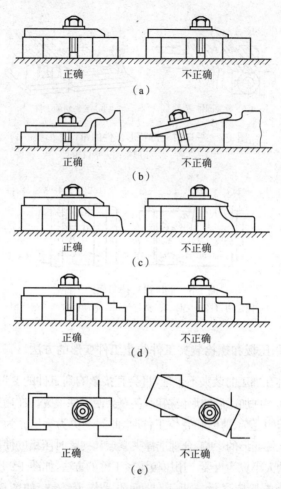

图 1-9 压板的使用方法

如图 1-9(e)所示;压紧力的大小要合适,以防工件变形。一般粗铣时,压紧力应大一些。在精铣时,应适当减小压紧力。

10. 使用平口钳时应注意的问题

(1)为了防止钳口夹伤工件已加工表面,在粗铣后或精加工时,都应在钳口和工件间垫上铜皮等软质垫片,以保护工件已加工表面。

（2）用平口钳装夹工件时，工件的加工表面必须高出钳口，薄形工件可用平行垫进行调整，以使加工余量全部铣完后，不致切削到钳口，避免损伤钳口和刀具。

（3）在装夹工件时，必须使工件上的基准面紧贴固定钳口和水平导轨上，同时应避免在整个钳口上的一端受力。同时铣削时，应使切削力指向固定钳口。

（4）平口钳底面上的定位键，不仅起定位作用，同时也防止铣削过程中平口钳位移，故不能随便拆去。

（5）对回转式平口钳，为了提高平口钳的刚度，可将平口钳的底座取下，把钳身直接固定在工作台上。

（6）为了使工件紧密地靠在平口钳水平导轨上或平行垫铁上，在工件夹紧后，应用铜锤由重到轻敲实。

（7）平口钳钳口可根据工件外形及夹持要求进行改装，如图1-7和图1-8所示，以满足装夹不同形状工件的要求。

11. 铣平面时应注意的问题

（1）工作台移动尺寸的控制，用手柄转动刻度盘时，读数可以从任意刻度开始，但为了读数方便，通常是先把刻度盘松开后，对准零位置后紧固，这样开始从零位读起，就不易摇错。

在操作中如果不慎把刻度盘转过了，需要往回倒转时，仅把刻度盘退到原定位置是不对的，因为丝杠和丝杠螺母间有间隙，造成工作台没有移动或移动不到位。这时应把手柄倒转约半圈后（必须大于丝杠和丝杠螺母间的间隙），再重新把刻度盘转到所要求的位置上。

（2）在作第二次升降工作台前，必须把升降工作台的紧固手柄松开，升完后再将手柄紧固。

（3）在铣削过程中，应先使工件脱离铣刀，方可停车。

（4）进给结束后需要快速返回工作台时，一定要下降工作台，防止铣刀在已加工表面擦过，划伤工件表面。

12. 铣平行面或垂直面产生废品的原因及防止方法

（1）工件表面粗糙度不好。其原因：进给量太大，进给不均匀；铣刀不锋利和磨损过大；铣床导轨间隙过大或主轴磨损造成振动；冷却润滑液选用不正确，产生积屑瘤；夹具刚度太差造成振动；切削速度选择不合理等。防止的方法：适当减小每齿进给量，重新刃磨铣刀或更换新的刀片（刃）。校直刀杆轴，防止铣刀偏摆；调整镶条减小导轨间的间隙和调整或更换主轴轴承；精铣时选用合理的切削速度和润滑性能好的切削液，以防积屑瘤的产生；正确选用夹具或增设辅助支承，以提高工艺系统刚度。

（2）平面度差。其主要原因：用小直径端铣刀铣大平面时接刀精度差，或主轴的轴线与工作台移动方向不垂直；圆柱铣刀刃磨精度差；卧铣时主轴与工作台移动方向不平行。防止方法：检测和刃磨圆柱铣刀质量；重新调整铣床主轴的轴线与工作台垂直和工作台各向移动精度；在用小直径端铣刀铣大平面时，不要移动升降工作台。

（3）工件尺寸与图纸要求不符。主要原因：在铣削中工件移动和测量不准确；刻度盘的读数记错，或没有紧固和消防间隙。防止方法：应采取措施牢固地夹紧工件，粗加工时，夹紧力大一些，精加前应适当减小夹紧力；刻度盘应对准零位并紧固和从零开始读数；特别注意在移动工作台时，必须消除丝杠与丝杠螺母间的间隙；正确掌握各种量具的测量方法，仔细看测量后的读数。

（4）工件表面间不平行和不垂直。主要原因：平口钳固定钳口或夹具没有找正；钳口和工件基准面之间有杂物及有毛刺；工件在加工中有移动和平行垫铁不平；工件基准面和工作台台面有杂物；立铣头与工作台不垂直和升降工作台和立导轨间的间隙太大；铣床的几何精度差和刀杆轴与工作台台面不平行等。防止方法：正确地找正平口钳和其他夹具；仔细清除工件的毛刺和夹具与工作台的杂物；平行垫铁应修磨平行和平直；正确牢固夹紧工件，使工件的夹紧力大于切削力；修复和调整铣床，使之达到应要求的动、静态精度;工件在夹具中定位和找正方法正确。

13. 提高铣削平面效率的方法

提高生产效率的基本途径,就是减少机动时间和辅助时间。实践证明,可从下几方面来提高效率,而且简而易行。

(1)刀具方面

1)刀具材料。如采用高速钢铣刀,应选择高性能高速钢(W6Mo5Cr4V2A1、W2Mo9Cr4VCo8),它们的耐热性和硬度(包括常温和高温硬度)比普通高速钢(W18Cr4V)高许多,不仅可使 v_c 提高 30%,而且刀具耐用度提 4 倍以上;应采用硬质合金代替高速钢铣刀,最好采用硬度和抗弯强度高的铣削用硬质合金(YS25、YS30、YC40、ZP35、YG813),可以提高铣削效率 4 倍以上;采用涂层硬质合金刀具(片),可以提高铣削效率 30%~50%,而且使刀具耐用度提高 2~3 倍;采用陶瓷刀片铣削各种铸铁、淬火钢、高和超高强度钢,可使铣削效率比硬质合金铣刀提高 3~5 倍;采用立方氮化硼复合片(PCBN)铣刀,铣削硬脆黑色金属,可以进行高速铣削,而成几倍提高效率;采用人造聚晶金刚复合片(PCD)和人造厚膜钎焊金刚石(CVD)刀具(片),铣削各种有色金属、非金属和复合材料,其 v_c 可比硬质合金高 5~10 倍,而刀具耐用度可达几百小时。

2)刀具结构。采用可转位端铣刀,由于它的刀齿多,可以几倍至几十倍提高进给速度 v_f;采用错齿螺旋玉米棒立铣刀,可以成几倍提高铣削深度;采用组合面铣刀(即在一个刀杆上把两把或两把以上按要求组装起来),在一次走刀中同时铣削几个表面,可以成倍提高铣削效率。

(2)切削用量方面。切削用量包括切削速度、切削深度和进给量(或每齿进给量 f_z 和进给速度 v_f,单位分别为 mm/z 和mm/min 或 m/min)。如果这要素都提高一倍,铣削效率就可提高三倍。一般铣床与车床加工不同,车床是工件转速与进给量同步,而铣床是两个传动系统,刀具转速与进给不同步。在选择进给速度时,首先

确定每齿进给量 f_z，乘上刀具齿数，再乘上刀具转速 n，它们的积则是工作台进给速度 v_f。刀具材料和工件材料的性能不同，铣削时的 v_c 和 f_z 也不同。但它们间都有一个相对合理的数值，在这个数值内，铣削效率不仅最高，其刀具耐用度也最佳。

(3)冷却润滑液方面。采用性能良好切削液，如极压切削油或极压乳化液，可以在高温（600 ℃～1 000 ℃）和高压（1 960 MPa）起润滑冷却作用，降低切削温度和减小外摩擦，降低切削力，提高刀具耐用度，同时可提高铣削效率 30%～50%。

(4)缩短辅助时间方面。一个工件的工时定额，主要包括机动时间和辅助时间。提高铣削效率，不仅要缩短机动时间，缩短辅助时间也同等重要。缩短辅助时间的措施有：选择性能优良的刀具（刀具材料、刀具几何参数和刀具结构），以提高刀具耐用度，减少磨刀和换刀次数，提高切削用量；在成批生产时，采用多工位、自动定位、自动夹紧夹具、减少工件安装时间；采用专用、自动测量量具等。

14. 斜面的铣削方法

所谓斜面，就是和基准面不平行又不垂直的平面，它们之间相交成一个任意角度。在图纸上表示斜面的方法有两种，一是用角度表示，另一是比值（斜度）表示。它们之间的关系为

$$\tan\theta = k$$

式中　θ——斜面与基面之间的角；

　　　k——比值。

在铣床上铣削斜面的方法有以下三种：

(1)把工件转成角度铣斜面

1)按划线装夹工件铣斜。首先在工件上划出图纸要求斜面的轮廓线，并在线上打好样冲眼，然后把工件装夹在平口钳内或用压板把工件固定在铣床工作台台面上，用找正盘按此线找正后并夹紧工件，如图 1-10 所示。铣削时，只要将样冲眼铣去一半即可。这种装夹方法辅助时间长，加工效率低，一般只适用于单件生产。

2)利用平口钳转动工件铣斜面。如图 1-11(a)所示利用回转式

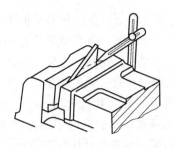

图 1-10　按划线找正铣斜面

平口钳铣斜面的方法。这种方法夹紧牢靠，装卸方便，所以广泛采
用。如图 1-11(b)所示是利用万能平口钳铣斜面。这种平口钳除了
能够绕垂直轴旋转，还能绕水平轴旋转，转角的大小，可以任意调整，
缺点是结构复杂、刚度差，只能采用较小的铣削用量，生产效率较低。

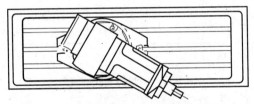

（a）利用回转式平口钳子铣斜面

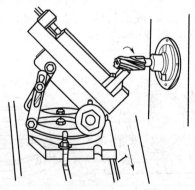

（b）在万能平口钳子铣斜面

图 1-11　利用平口钳转动铣斜面

3) 利用倾斜垫铁铣斜面。在工件基准面下垫一块倾斜垫铁，则铣出的上平面就是一斜面。改变倾斜垫铁的角度，就可铣出不同角度的斜面，如图 1-12(a) 所示。在实际生产中，最好做成如图 1-12(b) 所示那样的倾斜垫铁。当铣削第二个工件时，只要铣床工件台升降不变，铣削后的第二个工件，就和第一个工件一样。当工件较小时，就可把工件和倾斜垫铁在平口钳内夹紧进行铣削。若工件太大，就可用压板把倾斜垫铁压在工作台上，再压紧工件进行铣削。此种方法适合于成批生产。

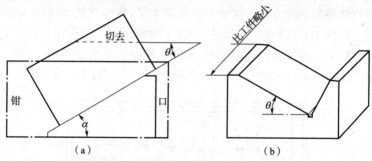

图 1-12　用倾斜垫铁铣斜面

4) 利用分度头和回转工作台铣斜面。在一些圆柱形或小型非圆柱形用开口套装夹铣斜面时，可利用分度头扳起一个仰角来铣斜面。如工件尺寸较大，或形状特殊，也可在回转工作台上用压板装夹来铣斜面，如图 1-13 所示。

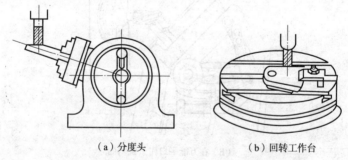

（a）分度头　　　　　　（b）回转工作台

图 1-13　利用分度头和回转工作台铣斜面

5)利用专用夹具铣斜面。在成批大量生产中,用上述几种装夹方法铣斜面,辅助时间长,生产效率低。为了提高效率和保证质量,最好采用专用夹具来铣斜面。

(2)把铣床铣头转成角度铣斜面

1)用端铣刀铣斜面。如图 1-14(a)所示,把立铣头的主轴转动 α 角,端铣刀的轴线也就相应转了一个 α 角,因而端铣刀铣出的平面与工作台台面也倾斜成 α 角。从图 1-14(b)可知,若工件的基准平面装夹得与铣床工作台台面平行时,立铣头转动的角度 $\alpha = \theta$。

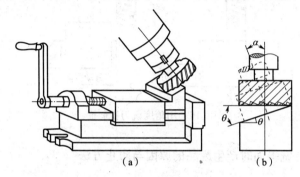

（a）　　　　（b）

图 1-14　用端铣刀铣斜面

2)用立铣刀的圆柱刃铣斜面。如图 1-15(a)所示。因为立铣刀的圆柱刃较长,用它可代替圆柱面铣刀来铣斜面。若工件的基准面装夹得与铣床工件台台面平行时,这时立铣头的转角 $\alpha = 90° - \theta$,如图 1-15(b)所示。

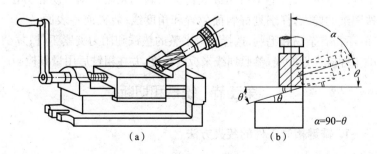

（a）　　　　（b）

图 1-15　用立铣刀铣斜面

（3）用角度铣刀铣斜面

宽度较小的斜面，可采用角度铣刀直接铣出，如图 1-16 所示。角度铣刀可分单角铣刀和双角铣刀，而双角铣刀又分两锥角相等的对称双角铣刀和不对称双角铣刀（两锥角不同）。因此可根据工件斜面要求来选择。由于角度铣刀刀齿较密，排屑空间小，刀尖强度低，在使用时应减小切削用量，并浇注切削液。

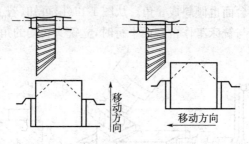

图 1-16　用角度铣刀铣斜面

15. 铣斜面时产生废品的原因与防止方法

铣斜面时产生废品的原因有三种情况：工件表面粗糙度值大、尺寸不符合图纸要求和斜面的倾斜角度不对。前面两种情况产生的原因与防止方法与铣平面相同。

铣斜面角度不对的原因有工件划线不准确；工件安装不正确，如夹具与工作台和夹具与工件之间有杂物或工件垫的不好，铣削时工件产生位移；万能平口钳或立铣头扳转的角度不对。防止方法：按图纸的要求，仔细划好斜面位置和角度线；装夹前各表面必须干净，不得有杂物和毛刺；选择光滑平整的垫铁和用力夹紧工件；复杂的工件应先划好线，参照划线来扳转角度，并在粗铣后用量具检测。

第二节　铣槽和切断

1. 铣键槽时工件的装夹方法

为了保证所铣的键槽相对工件轴线的对称性，要求工件在装夹时,其工件轴线中心必须与键槽中心重合。一般在铣键槽时,都是以工件外圆柱面为定位基准面,其装夹的方法有以下几种。

(1)用平口钳装夹。采用这种方法装夹,工件就会随着直径大小而改变中心的位置。如图 1-17 所示。这时对键槽的对称度带来很大影响,所以它只适用于铣削直径公差很小的小批工件或单件生产。

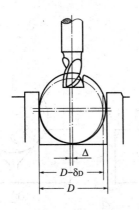

图 1-17　工件直径变化对中心位置的影响

(2)用 V 形铁装夹。如图 1-18 所示,无论外径变化多大,始终能保证工件中心在 V 形槽的中间,即在 V 形槽的对称中心线上,其中心位置不会向左右移动,但工件的中心线在高度上是有变化的。

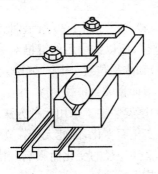

图 1-18　用 V 形铁装夹工件

当用 V 形铁装夹工件,在立式铣床用键槽铣刀或在卧式铣床上用三面刃铣刀铣键槽时,如图 1-19(a)所示,键槽的对称性不会因工件外径尺寸变化而受到影响;而在立铣上用三面刃铣刀或在卧铣上用键槽铣刀铣键槽时,如图 1-19(b)所示,键槽的对称性,要受到工件外径尺寸变化的影响,而此时的工件定位误差要比平口钳装夹更大。

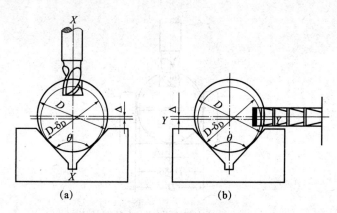

(a)   (b)

图 1-19 用 V 形铁装夹的定位误差

在铣削细长轴(杆)长键槽时,还可将工件直接用压板装夹在铣床工作台中间的 T 形槽上,以代替 V 形铁,这样不仅装夹方便,而且装夹刚度也好。

(3)用轴用虎钳装夹。如图 1-20 所示,此法不仅装夹方便,而且因为用 V 形铁定位,所以铣削后的键槽对称性好。它可安装成垂直位(图 1-20(a))和水平位置(图 1-20(b)),因此可以在立铣上或卧铣上使用。

(4)用分度头和尾架装夹。采用此种方法装夹时,工件的轴线位置不会因外径的变化而变化,因此无论在立铣或卧铣上铣削,键槽的对称性均不受工件外径的变化而影响。特别是铣削对称键槽和直角键槽等更有其优越性。

(5)用专用夹具装夹。对于工件数量较多和批量生产时,除用

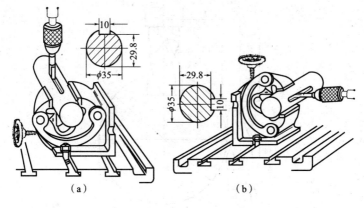

图 1-20 用轴用虎钳装夹

上述各种夹具装夹外,大都采用专用夹具装夹。这样不仅装夹方便,提高生产效率,也容易保证其位置精度。

2. 铣削对称度要求高键槽的方法

在立式铣床上用键槽铣刀铣轴上的键槽时,要使键槽的对称度小于 0.02 mm,采用一般的切痕对刀法很难达到,这时可采用以下方法使刀具定位精度达到要求。

(1)用百分表找正刀具与工件的相对位置。先将工件在夹具中安装好,把百分表装在铣床主轴上,百分表的测量杆垂直于工件外圆,测头与工件外圆接触,并留一定量程,表头随铣床主轴回转直径约为 1/2 工件直径。用手慢慢转动铣床主轴,调整铣床横向工作台的位置,使百分表所测工件最低位置的读数相同,这样就使铣床主轴轴线与工件轴线相交,使铣出的键槽达到较高的对称度。

(2)尺寸换算对刀法。首先测量键槽铣刀和工件的实际直径,再把工件和铣刀安装在夹具中。然后调整铣床使铣刀外径 d_0 与工件侧面外圆接触,用公式 $L = d/2 + d_0/2$ 计算铣刀(或工件)的横向位移量 L。这样就使铣刀处于工件中心位置了,如图 1-21 所示。

(3)用铣刀端面对刀法。当用三面刃铣刀、月牙键槽铣刀和锯

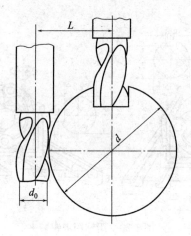

图 1-21　尺寸换算对刀法

片铣刀铣键槽时,可采用此种方法对刀。首先测量铣刀实际宽度 B 和工件实际直径 d,用公式 $L=d/2+B/2$ 计算铣刀(或工件)横向(或垂直)位移量 L。方法是把工件和铣刀安装好后,移动工作台,使刀具的端面与工件外圆接触,再使刀具或工作台移动一个 L 的距离,就使刀具对准了工件的中心。

3. 铣削键槽时保证表面粗糙度的方法

对铣削表面粗糙度值要求小的键槽时,必须采用锋利的铣刀,选用合理的切削速度和进给量及润滑性能好的切削液,以防积屑瘤的产生。还可以采用粗铣和精铣的方法。在采用硬质合金铣刀时,宜采用 $v_c \geqslant 120 \sim 150$ m/min 的高速铣削,再使用切削液(最好是含 S、P、Cl 添加剂的极压切削液)。

4. 键槽的检测方法

(1)键槽宽度的检测。工件数量不多或槽宽尺寸公差较大时,键槽的宽度一般都用游标卡尺检测。在成批生产时或槽宽尺寸公差较小时,可用塞规或块规来检测。这种方法不仅可以检验槽宽,而且可以检测槽宽是否有锥度。

（2）键槽对称度的检测。对称度的检测，最好在键槽铣削后，将工件仍保持在夹紧状态，在铣床上现场检测，其方法有三种：

1）用直角尺和游标卡尺检测。如图 1-22(a)所示，将直角尺的两工作面分别和工作台台面与工件侧面相靠，然后用游标卡尺测量尺寸 A 和 B，它们之差的 1/2 不应大于对称度的允差。

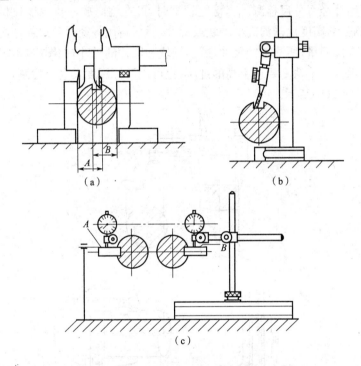

（a）　　　　（b）

（c）

图 1-22　键槽对称度的检测

2）用杠杆表检测。如图 1-22(b)所示，先在高度尺上固定一个杠杆百分表，将高度尺的尺身与工件外圆侧面相靠，表的测头分别与键槽两侧面接触，两次测量读数之差的 1/2，即为键槽对称度误差。

（3）用量块和百分表检测。如图 1-22(c)所示，选取一块与键槽宽度相同的矩形量块插入工件键槽中，不得有松动，用百分表将

A面找平后记下表的读数。然后把工件旋转180°,用同样的方法将B面找平,记下表的读数,两次读数之差的1/2不应超过对称度的允差。

(4)槽深的检测。在工件图纸上,槽深一般都是用槽底至外圆柱表面的距离来表示。对敞开式键槽测量槽深度时,可用游标卡尺直接检测,如图1-23(a)所示。对于封闭式键槽,当键宽较大时,可用外径百分尺检测。当键宽较窄时,可在键内放一块厚度比槽宽略小,高度比槽深高的键块或圆片,然后再用外径百分尺或用游标卡尺测量,所测得的尺寸,减去键块和圆片的尺寸,如图1-23(c)所示。对于精度要求不高的键深,也可用游标深度尺直接检测,如图1-23(b)所示。

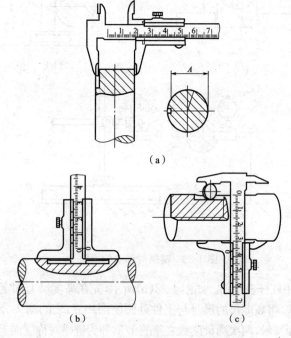

(a)

(b)　　　　　(c)

图1-23　检测键槽深度的方法

5. 铣键槽的废品产生原因及防止方法

(1)键槽中心与工件轴线中心不对称。原因是铣刀没有对准工件轴线中心,以及偏移量过大。防止方法是用正确的方法对正中心,调小铣床主轴轴承间隙和缩短键槽铣刀伸出量。

(2)槽的宽度大于图纸尺寸。原因是盘铣刀端面跳动和键槽铣刀径向跳动过大。防止方法是铣削前找正刀具端面或径向跳动量在允许的范围内,更换新的夹具和刀具。

(3)铣出来的键槽上宽下窄。原因是键槽铣刀圆柱刃磨损,盘铣刀一侧磨损或刀刃磨损而产生偏让。防止方法是更换新的刀具。

(4)槽的宽度小于要求尺寸。原因是刀具磨损或铣削未作检查。防止方法是使用前必须对刀具检查和更换新的刀具。

(5)槽的深度大于图纸尺寸。原因是看错图纸,或刻度盘松动及键槽铣刀没有紧固好,造成铣刀向下轴向窜动。防止方法是仔细看清图纸,认真调整好刻度盘并紧固,刀具要夹紧。

(6)槽的表面粗糙度不好或有波纹。原因是进给量大,切屑排不出去和刀具太钝。防止方法是减小进给量,使用和加大切削液流量,分粗铣和精铣,更换已用钝的刀具。

6. 用牙键槽深度的检测方法

月牙键是键的一种特殊形式,与之相配合的月牙槽是用月牙键槽铣刀在铣床上铣削而成。其铣削时的对刀方法与铣削一般键槽相同。铣削时,切削面积由小到大,所以进给量应逐步降低,否则会造成刀具折断。测量它的深度可采用以下方法:

(1)对精度要求不严的月牙槽可用游标深度尺或深度百分尺直接测量,但不能测量到槽深的最低点,故测量精度较低。

(2)用间接法测量,如图 1-24 所示。取一块直径和宽度都小于月牙键槽铣刀尺寸的圆片,插入槽中,用游标卡尺测量出尺寸 S,则槽深 $H=S-d$。

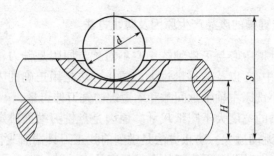

图 1-24　用间接法测量月牙槽深度

(3)用槽口轴向长度测量,如图 1-25 所示。在计算槽口长度 L 前,先测量铣刀直径 d,槽长度 L 和槽深 h 用下式计算:

$$L = 2\sqrt{h(d-h)}$$

$$h = \frac{d}{2} - \frac{1}{2}\sqrt{4\left(\frac{d}{2}\right)^2 - L^2}$$

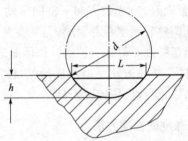

图 1-25　用计算法测量月牙槽深度

7. 铣 T 形槽的步骤

(1)铣中间直角槽。当 T 形槽的两端为敞开的时,中间的直角槽可在卧式铣床上用三面刃铣刀铣削,如图 1-26(a)所示。如果 T 形槽是封闭的,则应采用立铣刀铣削。但在铣削前,必须在 T 形槽的两端预先钻出落刀孔,落刀孔的直径应大于 T 形槽底部宽度,其深度应比 T 形槽总的深度略深。直角槽铣完后,其槽宽要达到 T 形槽上口宽度的尺寸精度,深度应比 T 形槽总深略浅,以免铣完 T 形槽后在槽底留有接刀痕迹。

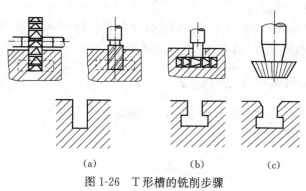

图 1-26 T 形槽的铣削步骤

(2)铣 T 形槽。根据 T 形槽的尺寸规格,选用与其相符合的 T 形槽铣刀,如图 1-26(b)所示,进行铣削。若 T 形槽铣刀直径小时,可采逆铣法,先铣出一侧,再铣另一侧。如 T 形槽铣刀厚度不够时,可分两次走刀铣削,先铣上面,再铣底面。铣削时对中心的方法,是用 T 形槽铣刀在切入工件时,已加工的槽口两边痕迹是否相等来判断。

(3)槽口倒角。在 T 形槽铣削后,采用倒角铣刀进行倒上口的角,如图 1-26(c)所示,但必须注意槽口两边要对称。

8. 铣 T 形槽时应注意的问题

(1)T 形槽铣刀由于刀齿密度大,容屑空间小,在铣削时排屑困难,容易堵塞,造成切削力大,而造成刀具折断。这时为防止刀具折断,可将刀具齿数减少一半,增大容屑空间。这样不仅可以防止刀具折断,而且还可以增大进给量,提高铣削效率。

(2)T 形槽铣刀的颈部直径较小,注意不要使铣刀受过大的铣削力和突然冲击力而折断。

(3)T 形槽铣刀应保持锋利,不能用得太钝,否则会因为铣削力增大而折断。

（4）T 形槽铣刀是在封闭的条件下切削，由于排屑不畅，造成切削热不易散失，切削温度较高。特别是在铣削钢件时，应浇注充足的冷却润滑液。

（5）由于 T 形槽铣刀的结构和工作条件较差，所以在铣削时，应采用较低的切削速度和较小的进给量。

9. 铣偏心圆弧槽的方法

图 1-27 所示的工件，要在一个圆盘上铣出四个相同均布的偏心圆弧槽。

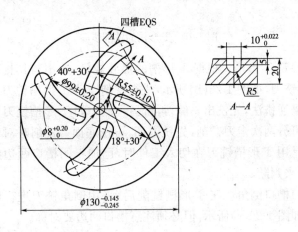

图 1-27　工件

平面圆弧槽的铣削，通常采用把工件安装在回转工作台上进行。因为此工件有四条相同均布的偏心圆弧槽，就必须把工件装夹在小直径回转工作台上进行分度（360°/4），再把它叠装在大直径回转工作台上面，旋转大回转工作台，用球头立铣进行铣偏心圆弧槽，如图 1-28 所示。当铣完第一个槽后，用小回转工作台进行分度，再铣第二个槽，这样依次铣完四个槽。

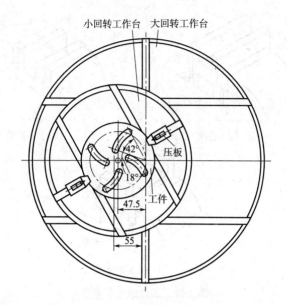

图 1-28　铣偏心圆弧槽工件安装

10. 铣直角槽时工件的装夹方法

　　铣直角槽工件的装夹方法,主要根据工件的轮廓尺寸、数量及加工方法(在立式或卧式铣床加工)而定。常用的有采用平口钳装夹、专用夹具和直接装夹在铣床工作台上几种形式。无论采用哪种形式,都必须正确的选择定位基准,还应防止装夹过程中的夹紧变形和铣削过程中的工件继续变形。

　　铣削工件尺寸不大,长方体在纵向铣直角槽时,可采用平口钳装夹,如图 1-29(a)所示,此时应以工件的 A 面和 B 面为定位基准。装夹前,要找正平口钳固定钳口与工作台纵向移动方向平行。夹紧工件时,要注意夹紧力 Q 在工件上的部位。正确的夹紧部位是在直角槽的下部。如图 1-29(a)。如按图 1-29(b)的情况,在加工过程中会造成工件刚度变差,会使工件变形。而在长方体上铣削较宽的直角槽时,可按图 1-29(c)所示的方法装夹。

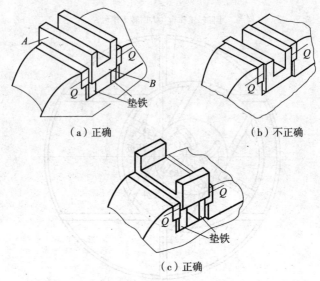

（a）正确　　　　　　　　　（b）不正确

（c）正确

图 1-29　工件的夹紧部位

11. 直角槽对称度的检测方法

（1）用百分尺检测。当直角槽的宽度较大,可用外径百分尺直接测量直角槽两侧壁厚的实际尺寸,它们的差值的 1/2 为对称度误差。

（2）用杠杆百分表检测。因槽宽尺寸小而不能用外径百分尺测量时,可将圆柱工件放在 V 形铁上,用杠杆百分表进行比较测量,如图 1-30 所示。先用百分表找平任一槽侧,并将表调至 0 位,然后将工件转过 180°,再用百分表找平另一槽侧,此时百分表的读数差不应超过对称度允许误差的一倍。

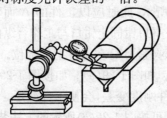

图 1-30　用百分表检测工件槽对称度

12. 用立铣刀铣直角槽应注意的问题

用立铣刀铣削时,最大的问题是立铣刀容易折断和损坏,加工精度难以保证,因此要注意以下几点:

(1)正确地掌握手轮反摇法,以防止打刀。例如要在工件上铣一条"冂"形槽,开始用横向工作台向外进给铣削沟槽的 AB 段时,纵向工作台所受的径向分力 P 是向右的(图 1-31(a)),因此如果原先调整铣刀切削位置时,纵向工作台也是向右移动的,则必须将纵向工作台手轮反摇,而如果原先是向左移动的,则手轮不必反摇。接着以用纵向工作台向左进给铣沟槽 BC 段时,P 力是向外的(图 1-31(b)),由于在铣 AB 段时横向工作台的进给方向也是向外的,所以此时应将横向工作台手轮反摇后,才能铣削。最后再用横向工作台向里铣沟槽 CD 段时,P 力是向左的(图 1-31(c)),和铣 BC 段时纵向工作台的进给方向相同,因此也必须将纵向工作台手轮反摇摇后才能铣削。手轮反摇的主要目的是消除径向分力方向丝杠和螺母之间的间隙。

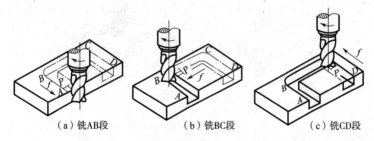

| (a)铣AB段 | (b)铣BC段 | (c)铣CD段 |

图 1-31　用手轮反摇法铣沟槽

(2)立铣刀必须装夹牢靠,否则受刀具右螺旋槽的轴向分力从夹头中拉出,使其扎入工件槽底而损坏刀具。

(3)铣削时,必须浇注充足的冷却润滑液,来帮助排屑和散热,这在铣削塑性大的金属更为重要。也可减少铣刀齿数和增大容屑空间来改善排屑和散热。

(4)由于立铣刀的端面副切削刀不通过中心,没有轴向进给能力,所以在铣削封闭槽时,应在工件槽端先钻一个落刀孔。落刀孔的孔径应小于槽宽,深度应略小于槽深。

(5)为了提高沟槽的加工精度,可采用小于槽宽直径的立铣刀先进行粗铣后,再用等于槽宽直径的立铣刀进行精铣。

(6)对于小直径的立铣刀,为了防止进给时的径向力增大,应减小刃带宽度或刃带宽度接近于0,以防止折断。

(7)对于沟槽宽度小于 6 mm,粗铣时应可能采用双齿的键槽铣刀,以增大容屑空间和减少扎刀或偏让。

13. 铣燕尾槽的方法

燕尾槽是用带柄的单角铣刀(又称燕尾槽铣刀)来铣削的,铣刀的齿形角与燕尾槽的槽形角 α 相等。第一步用立铣刀或 90°端铣刀铣出中间的直角槽,如图 1-32(a)所示;第二步用燕尾槽铣刀以逆铣的方式分两次先后铣出两侧槽形角,如图 1-32(b)所示。

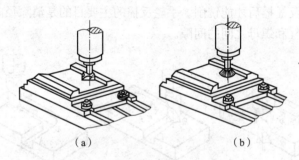

(a)　　　　　　　　　　　(b)

图 1-32　燕尾槽的铣削

铣燕尾槽时,切削条件与铣 T 形槽相仿。由于燕尾槽铣刀的齿形角受槽形角的限制,刀尖强度低和散热条件不好,因而在铣削时的切削用量(v_c 和 v_f)应适当小一些,操作时要谨慎小心。

14. 燕尾槽的测量方法

燕尾槽的深度 H 和槽角 α,一般可分别用深度游标卡尺和万能角度尺直接测量。而它们的宽度尺寸 A 要直接测量是困难的,一般都要通过两根直径相同的测量用圆柱棒夹间接测量,如图1-33所示。

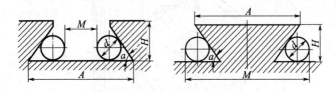

图 1-33　燕尾槽和燕尾块宽度的测量

测量尺寸 M 与宽度尺寸 A 之间的关系式为:

$$燕尾槽\ M = A - d\left(1 + \cot\frac{\alpha}{2}\right)$$

$$燕尾块\ M = A + d\left(1 + \cot\frac{\alpha}{2}\right) - 2H\cot\alpha$$

式中　A——燕尾槽或燕尾块的宽度(mm);

　　　H——燕尾槽或燕尾块的深度(mm);

　　　d——量柱直径(mm);

　　　α——槽形角,一般使用最多的是 60°和 55°两种。

当 α=60°时,燕尾槽 $M=A-2.732d$

　　　　　燕尾块 $M=A+2.732d-1.155H$

当 α=55°时,燕尾槽 $M=A-2.921d$

　　　　　燕尾块 $M=A+2.921d-1.4H$

15. 切断用锯片铣刀的选择方法

(1)锯片铣刀的形状。在铣床上常用来切断工件的是用锯片铣刀,由于这种刀具直径相对较大而很薄,使用时很容易破损。为了减小它对工件的挤压和摩擦,铣刀的厚度常做成由外圆周向中心逐渐减薄,如图 1-34 所示,使其在切削时两侧形成一个副偏角 κ_r'。

(2)锯片铣刀的宽度。为了减小切断时工件材料的浪费,锯片铣刀的宽度应尽可能窄些,但不能太窄,太窄了后铣刀的刚度低,

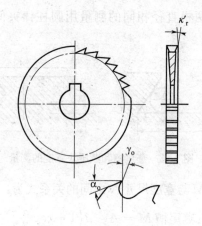

图 1-34　切断用的锯片铣刀

容易造成打刀。因此应根据工件材料的性能和锯切厚度来合理选择。

（3）锯片铣刀的直径。若锯片铣刀的直径太小，就不能在一次走刀中把工件切断。若直径太大，在锯切时容易引起铣刀振动。其选择原则是应保证能够切断工件的前提下，尽量选择直径小的铣刀。

（4）锯片铣刀的齿数。一般应选择较少的齿数较好，特别是在切断塑性大的工件材料时，更为重要。原因是锯片铣刀齿数少时，容屑槽增大，排屑容易，切削轻快。若在工作中找不到疏齿锯片铣刀，也可把密齿锯片铣刀的刀齿，每隔一齿磨去一齿，以减少一倍的齿数，增大容屑空间，减小切屑堵塞对已加面的挤压。这样改磨后，可以锯切时的进给速度成倍提高，减小打刀的可能性。

16. 条形料的切断方法

（1）条形料的装夹。条形料在铣床上的切断，一般是采用平口钳来装夹，工件的切断位置应尽量靠近钳口，如图 1－35 所示，这样可加大工件的刚度，使切削稳定。

（2）铣刀的安装。锯片铣刀在刀杆安装时不加平键，而是用垫

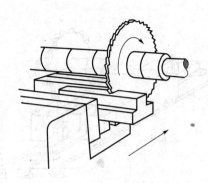

图 1-35　铣刀应靠近钳口

圈和螺母的夹紧摩擦力来夹紧刀具进行铣削,这样可防止因切削力大而损坏刀具。安装时,锯片铣刀的位置应尽量靠近刀杆的托架或铣床主轴,以增大刚度。同时还应调整好铣刀的端面与径向跳动量,应尽可能小一些。

(3)铣削方式。通常是采用逆铣法和相对较小的进给量进行铣削,并应浇注充足的冷却润滑液。

17. 板料的切断方法

在铣床上切断板料时,一般是用压板将工件直接装夹在工作台上,这样不但装夹刚度好,而且锯片铣刀离工作台近,铣削振动小。但为了防止铣切过程中切坏工作台台面,应注意在装夹工件时,应把工件的切口对正工作台 T 形槽内。

对于较厚的板料,可采用两次铣削的方法来切断。即第一刀锯切板料厚度的一半,然后把工件翻面,再铣第二刀。此时为了免除工件翻面后找正对刀的麻烦。可在工件一侧的工作台上加装两个定位块,如图 1-36 所示。此外在安装压板时,最好采用弯头压板,以便采用直径较小的锯片铣刀。

对锯切较薄的板料时,铣削时应采用顺铣法,以使铣削力作用在工作台上,消除工件振动和翘起,其他与切断板料相同。

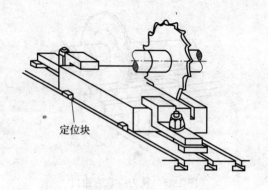

图 1-36　厚板料的切断

18. 圆柱料的切断方法

空心圆柱形工件沿轴向用锯片铣刀切断时,可采用图 1-37 所示的用心轴和螺母紧的方法装夹。若装夹方法不正确,不仅切断后工件容易变形,而且易打坏铣刀。

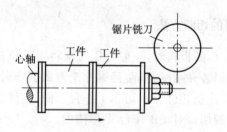

图 1-37　切断空心工件的装夹方法

切断空心薄壁套时,铣刀的正确位置如图 1-38(b)所示。即锯片铣刀的外圆正好与工件内孔表面相切或略高于内表面(约 0.2 mm 左右)。这样的好处是锯片铣刀与工件的接触角大,刀具工作的齿数多,各刀齿的工作位置角小,垂直分力小,因此切削平稳,振动小且不易造成打刀现象。

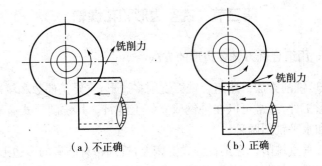

（a）不正确　　　　　　　　（b）正确

图 1-38　锯片铣刀的工作位置

19. 锯片铣刀折断的原因与防止方法

（1）锯片铣刀折断的原因。铣刀已用钝或端面跳动太大,造成铣削过程中产生振动;没有把铣刀夹紧或铣刀旋转方向与夹紧螺母夹紧旋转方向不一致,造成铣刀松动;工件没有夹紧或夹紧点离铣削处太远,造成工件在铣削过程中跳动;冷却润滑液不充足或刀齿容屑槽被切屑堵塞使切削温度增高,铣刀和工件受热胀冷缩卡在工件槽中而破碎;工作台进给方向与铣床主轴轴线不垂直,容易把薄锯片铣刀扭碎。

（2）防止方法。采用锋利的锯片铣刀,尤其在切断塑性高、硬度低的材料时,更应注意这一点;如无合适直径的铣刀,当采用直径较大的锯片铣刀锯切较薄的工件时,应在锯片铣刀的两侧增设夹板（图1-39）,以减小铣刀振摆和增大铣刀的刚度;采用疏齿锯片铣刀,以增大排屑槽的容屑空间,或把刀齿切削刃左右交错倒角,以减小切屑宽度;

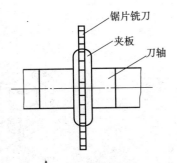

图 1-39　用夹板夹持铣刀

把工件和刀具装夹牢固,使用充足的切削液,找正工作台。

第三节 铣多边形和花键轴

1. 用组合铣刀铣多边形的方法

(1)铣削方法。用组合铣刀铣削多边形,主要是偶数和较短的多边形工件,通常可以在卧铣或立铣上进行。其铣削形式有垂直铣削和水平铣削两种。

1)垂直铣削。它是在卧式铣床上,铣削带有凸肩的多边形,一般采用垂直铣削,即把万能分度头(或等分分度头)的主轴轴线垂直于铣床工作台台面,铣削时工作台作纵向进给,如图 1-40 所示。这种铣削方式的缺点是进给行程长,工作效率低。

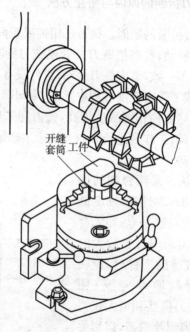

开缝
套筒 工件

图 1-40 在卧铣上用组合铣刀铣多边形

2)水平铣削。它是在立铣或卧铣上铣削无凸肩的多边形,可采用水平铣削方式,如图 1-41 所示。即把万能分度头(或等分分度头)的主轴轴线处于水平位置,仍使工作台纵向进给。水平铣削的优点是进给行程短,和垂直铣削相比,生产效率高。

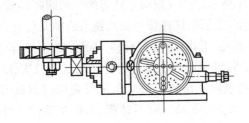

图 1-41 在立铣上用三面刃铣刀铣四边形

(2)铣削步骤

1)工件的装夹。若工件是四方或六方头螺钉时,为了不夹伤螺纹,可在螺纹部分套一个开口套(或称开缝套筒),再夹紧在分度头上的三爪自定心卡盘内。开口套可制作成无凸台和有凸台两种,分别如图 1-40 和图 1-41 所示。当开口套外径大于卡盘内孔时,开口套应作成无凸台,否则应作成有凸台,以避免开口套落入分度头孔中。

如果工件是多边形螺母,可先将带有螺纹的心轴夹在三爪自定心卡盘中,将工件用管子扳手旋紧在心轴上,铣好多边形后,用扳手卸下。

2)铣刀的选择及装夹。在铣多边形时,盘形铣刀是单边工作的。因此当工件每边余量较小时,宜选用直齿三面刃铣刀,这样铣刀工作的齿可多一些,使切削平稳。当工件每边余量较大时,宜采用错齿三面刃铣刀。但如果采用两把错齿三面刃铣刀组合铣削时,必须一把刀的右向齿要和另一把刀的左向齿对齐,这样可使两把刀的轴向力相互平衡,以避免在铣削时工件左右转动的现象。

铣刀直径的选择和铣削的方式有关,为了减小进给行程,在垂直铣削时,应尽量选用小直径铣刀,而在水平铣削时,则应选择直径较大的铣刀。在工件数量较少时,通常采用一把盘形铣刀铣削,这时可采用简便刀杆装夹,如图 1-41 所示。这样不仅装夹方便,而且也便于观察和节省对刀时间,也可在立铣上使用。

3)对刀。采用盘铣刀组合铣多边形时,一般都采用试切法对刀,如图 1-42 所示。即先把两把铣刀的轴向间距调整到等多边形的对边尺寸 S,然后把试件调整到两铣刀的中间位置,并在试件的上面铣去一些后,退出试件,再旋转 180°再铣一刀,若其中有一把铣刀切下切屑,说明对刀不准。这时可测量第二次铣削后试件尺寸 S',然后将横向工作台向第二次未铣到试件的铣刀一侧移动,移动的距离 $e=S-S'/2$。对刀结束后,应将横向工作台紧固,然后卸下试件,换上工件就可正式铣削。

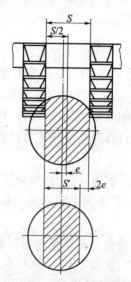

图 1-42　铣多边形对刀时横向工作台的移动量

2. 用端铣刀铣多边形的方法

(1)用万能分度头装夹工件。对那些长度较长的多边形工件,如六方轴或套装在心轴上成串的螺母,则可在立铣上用可转位硬质合金端铣刀铣削,如图 1-43 所示。在铣削时应注意以下三点。

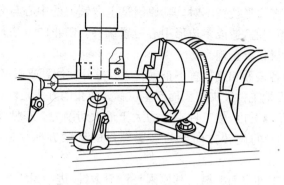

图 1-43　用端铣刀铣六方

1）用端铣刀铣削时，工件的轴线应与铣床工作台台面平行。

2）为了保证加工质量，在加工前应找正分度主轴轴线中心与尾架顶尖中心重合，并平行于铣床工作台台面。

3）切削深度可按工件单面加工余量来调整。铣削第一面时，切削深度应略浅些，然后把工件旋转 180°，待铣对称另一面后，测量工件对面尺寸，再按被测尺寸与要求尺寸之差的 1/2 调整切削深度后，再依次铣完各面。

（2）用平口钳装夹工件。对于尺寸较大、数量较少的多边形工件，可用立铣上使用端铣刀加工。铣削时，用平口钳装夹，夹紧工件的两端面，采用角度样板找正工件的装夹角度。

铣削时，首先将第一面铣好后，松开平口钳口，转动工件，使已加工表面与放在平口钳口中平行垫铁上的角度样板的斜面紧密贴合，即可依次铣完各面。这种加工方法效率低，适用于单件生产。

3. 铣多边形时易出现的问题和防止方法

（1）各对边尺寸小于要求尺寸。其原因是组合铣刀切削刃间距太小或切削深度的调整有错。防止的方法是用组合铣刀铣削时，要通过试切的实际尺寸，来调整两铣刀间垫圈的厚度。采用其它方法铣削时，也要通过先铣对称面，待尺寸合格后才正式铣削，严格控制切削深度。

（2）多边形位置不对。其原因是组合铣刀的中心与分度头主轴中心不同心，造成多边形中心位置偏移。防止的方法是通过试切，对刀操作要正确。

（3）各表面相互位置不正确。原因是分度计算或调整有错误，铣削时没把工件装夹牢固而产生位移。防止的方法是认真计算和仔细调整及分度，使工件夹紧力大于最大切削力。在使用螺纹心轴时，铣刀的旋转方向要与夹紧螺母的旋紧方向一致，以防止松动。

（4）工件表面粗糙。其原因是铣刀太钝，进给量太大，铣刀摆动大和铣削时振动，可转位端铣刀刀片轴向高低不一致，冷却润滑液不充分，铣削完后铣刀没离开工件返回造成划伤。防止的方法是使用锋利的铣刀，选用合理的切削用量，减小每齿进给量，使用充足润滑性能好的切削液，工作台回程时应降低工作台或停车退回，及时调整可转位铣刀刀片的径向和轴向跳动，使之符合要求。

4. 铣削花键时的对刀方法

铣花键时，必须使三面刃铣刀的侧面切削刃和花键的键侧重合，才能保证花键的键宽和键侧的对称度。因此铣花键的对刀，是保证花键的铣削质量的一关键操作步骤。常用的对刀方法有以下几种：

（1）刀具与工件轴侧面接触对刀法。如图 1-44 所示，先将铣刀的侧面切削刃与工件外圆侧面轻轻接触，然后使工件垂直向下退出，再将横向工作台向铣刀方向移动一个距离 $S[S=(D-b)/2$，D 为工件外径，b 为花键宽]。这种对刀方简单、准确，但只适用于工件直径较小的情况下。如果工件直径较大，由于刀杆碍事，就不能使铣刀侧刃到达工件侧面外圆中心表面。

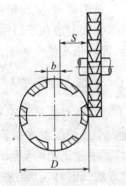

图 1-44　工件侧面对刀法

(2)切痕对刀法。如图 1-45 所示,首先开动铣床,用铣刀在工件外圆上铣出一个椭圆形的痕迹,当痕迹的宽度等于花键键宽后,再移动横向工作台,使铣刀的侧面切削刃与椭圆痕迹边缘相切,即达到了对刀的目的。在正式铣花键前,为了去掉这个痕迹,必须在对刀后,将工件转过圆周半个齿距,以便在铣槽中去掉。

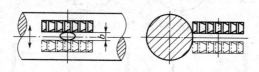

图 1-45　用切痕对刀

(3)划线对刀法。把工件安装在分度上后,用游标高度尺测量工件外圆上面至铣床工作台面的高度 H,再将高度尺下降 $h[h = H - (R - b/2)$,R 为工件半径,b 为键宽],在工件外圆轴向划一条线。然后将高度尺再下降一个键宽 b,再在轴向划一条线。键两侧位置线划好后,再通过分度头把工件逆时针旋转 90°,使划过线的外圆朝上,然后移动横向工作台,把铣刀的侧刃对准键侧线,就完成了对刀。

5. 铣削花键槽底圆弧面的方法

(1)铣键侧。对完刀后,就可依次铣完花键的一侧(图 1-46(a),然后移动横向工作台,依次铣花键的另一侧(图 1-46(b))。工作台向铣刀方向移动的距离 $S(S = B + b$,B 为铣刀宽度,b 为花键宽度)。在铣花键另一侧时,应在铣一段后,应测量一下键宽尺寸,并通过横向调整,使之符合键宽要求,才开始依次铣削。

(2)铣槽底圆弧面。键侧铣好后,槽底凸起的余量就改用锯片铣刀进行一次次走刀绕圆周进行铣削。铣削前应使锯片铣刀对准工件的中心(图 1-46(c)),然后把工件转过一个角度,调整铣削深度(图 1-46(d)),就可开始铣槽底圆弧面。每一次铣削走完一刀后,应使工件转过一个小角度,再铣下一刀,这样一次次走刀铣出

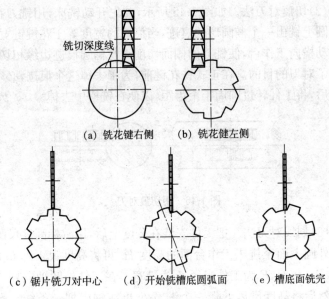

（a）铣花键右侧　　（b）铣花健左侧

（c）锯片铣刀对中心　（d）开始铣槽底圆弧面　（e）槽底面铣完

图 1-46　花键铣削顺序

的槽底面微观呈多边形。如果每铣一刀转过的角度愈小,铣削的次数愈多,则槽底愈接近一个圆弧(图 1-46(e))。

除采用锯片铣刀铣削外,也可采用凹圆弧形的成形单刀头将槽底圆弧面一次走刀铣出,如图 1-47 所示。但必须注意,使用这种方法铣槽底圆弧面时,如刀头凹圆弧刃磨不对或对刀不准,会使铣出的槽底圆弧中心和工件中心不同心。对刀方法是先把刀头装夹在专用刀杆上,并在分度头的三爪自定心卡盘装夹一根直径等于花键轴槽底直径的圆柱棒并找正,然后开动机床,逐渐升高工作台和横向移动工作台,使刀头的刀刃与圆柱棒外圆表面全部接触后,即完成对刀。然后紧固横向工作台,换上已铣好键侧的花键

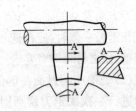

图 1-47　用成形刀铣槽底圆弧面

轴,摇动分度头手柄使花键槽对正刀头凹圆弧,就可开始铣削槽底圆弧面。

6. 用成形刀铣花键的方法

对于批量较大的花键轴,可采用刀齿形状和尺寸与花键槽形状和尺寸一样的成形铣刀一次走刀铣出。这种铣削方法,与其他铣削方法相比,具有操作简单和生产效率高的特点。

在生产中多数常用的是铲齿成形铣刀,如图1-48(a)所示,它能保证沿前刀面重磨后,刀齿形状不变。但对一些没有铲齿铣刀时,也可三面刃铣刀改磨成形铣刀,如图1-48(b)所示。此外还有硬质合金焊接和机夹成形花键成形铣刀,如图1-48(c)、(d)所示,可以大幅度提高生产效率。

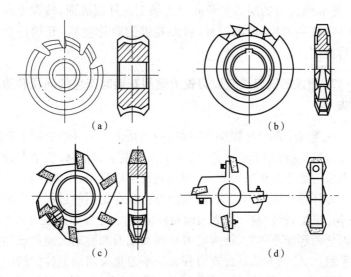

(a)   (b)

(c)   (d)

图 1-48　成形花键铣刀

采用硬质合金成形铣刀铣花键时,铣刀转速较高,应将托架的滑动轴承改成滚动轴承,如图1-49所示,以消除轴承间的间隙和防止振动及在高速下轴承咬死。

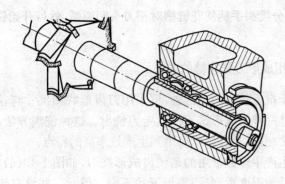

图 1-49　滚动轴承托架

　　成形铣刀的对刀方法较简单,可先用目测使铣刀尽量对正工件中心,然后开动铣床,逐渐升高工作台,通过移动横向工作台,使成形铣刀的两刀尖角同时接触工件外圆表面,按花键深度的 3/4 铣一刀后,退出工件,检测花键的对称度后,开始按全深进行铣削。

7. 用成形铣刀或三面刃铣刀铣削花键时产生的问题和防止方法

　　花键轴中部产生振动和振纹,主要是由于工件细长刚度差所造成,这时就可用千斤支撑,增大工件刚度予以消除;铣削花键轴槽底或键侧产生深啃现象,其原因是铣削过程中,中途停止进给,造成刀杆弹性恢复而切深,避免的方法是在铣削的过程中中途不能停止进给;铣键侧和槽底表面粗糙度值大,主要原因是刀杆弯曲和刀垫两端面不平行,造成铣刀径向和端面圆跳动大而造成切削不平稳,消除的方法是校直刀杆和磨平刀垫及增加工件的辅助支承;花键齿对工件轴线不平行和两端槽底直径不相等,其原因是在工件装夹时,工件的轴线与工作进给方向不平行,防止的方法是在工件装夹时,用百分表检测工件上侧素线与工作台进给方向平行,如不平行应进行调整消除。

第四节 铣离合器与刻线

1. 铣削直齿离合器时铣刀的选择

铣削直齿离合器时,常采用三面刃铣刀或立铣刀。为了不铣伤工件相邻的齿,三面刃铣刀的宽度 B 或立铣刀的直径 D,应小于齿槽最小宽度 a,如图 1-50 所示。

$$a = d_1/2\sin(180°/Z)$$

式中　d_1——离合器的内径;

　　　　Z——离合器的齿数。

按此式计算出来的数值 a 不一定是整数,这时选取三面刃铣刀宽度 B 和立铣刀直径 D,应小于 a 的整数,并满足铣刀的标准尺寸规格。此公式不仅适用铣偶

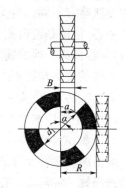

图 1-50　铣刀宽度的计算与对刀

数齿离合器,也同适用于铣奇数齿离合器。

2. 铣离合器时的对刀方法

铣离合器时,对刀是一项很重要而必须掌握的操作步骤。不论是铣偶数齿离合器还是铣奇数齿离合器,都必须使铣刀的侧刃通过工件中心,才能保证离合器在工作时有良好接触。

(1)用横向移动法对刀。当用三面刃铣刀时(或用立铣刀),使三面刀铣刀侧刃或立铣刀外圆刃轻微接触工件外圆表面,然后垂直退出工件,并使工件向铣刀方向移动一个等于工件半径 R 的距离即可,如图 1-50 所示。

(2)用划线对刀。对一些精度要求不高的离合器,可用在分度头上划出中心线来对刀。

对刀结束后,应将横向工作台紧固,上升工作台至要求的铣削深度,即可开始分度铣削。

3. 矩形齿离合器的铣削方法

矩形直齿离合器的铣削方法,对于尺寸较小的可以用分度头上装夹,而尺寸较大的用回转工作台装夹或用专用夹具装夹。根据离合器齿数不同,这类离合器可分为偶数齿和奇数齿两种,它们的铣削方法略有不同。但无论齿数多少,每一个齿侧面都必须通过工件中心,也即是说齿侧必须是径向的。

(1)偶数齿离合器的铣削

1)工件的装夹与找正。在工件装夹前,应安装和调整分度头。在卧铣上加工时,分度头主轴要垂直安装;而在立铣上用盘铣刀加工时,分度头主轴应水平安装。装夹的方法,用分度头主轴上的三爪自定心卡盘、心轴和专用夹具装夹。装夹后用百分表检测工件径向和端面跳动量在允许的范围内。

2)选择铣刀和对刀。在本题前两题已述。

3)铣削方法。偶数齿离合器要分两次铣削才能铣出正确的齿形,如图 1-51 所示。此图是铣削 $Z=4$ 离合器的情形,第一次铣削时,铣刀侧刃 Ⅰ 对准工件中心,逐次铣削各齿的右侧面 1、2、3、4;为了铣削各齿槽的左侧面,必须把工作台横向移动一个铣刀宽度(或立铣刀直径)的距离的同时,工件必须偏转一个齿槽角 θ,经过这样调整后,铣刀的侧刃 Ⅱ 通过工件中心,就可逐次分度将各齿槽的左侧面 5、6、7、8 依次铣出。

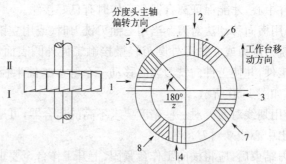

图 1-51　偶数齿离合器的铣削

为了使离合器在使用时能顺利的结合和脱开,齿槽角应比齿面角略大一些,因此在工件第二次铣削时应偏转 θ 角[$\theta=180°/Z+(1°\sim2°)$,Z 为离合器齿数]。为了达到这一要求,可在偏 θ 角时,将分度头手柄按 $180°/Z$ 再多转 1/6 转来达到,即分度头手柄转数 $n=20/Z+1/6$。

必须指出,当铣削直径较小的偶数离合器时,为了防止切伤相对的另一齿,最好采用立铣刀进行铣削。

(2)奇数离合器的铣削。铣削奇数齿离合器时,工件的装夹和对刀方法均与铣削偶数齿离合器相同,其铣削方法同上,还有以下特点:

1)在一次铣削行程中,可将相对两齿槽的左侧和右侧同时铣出,如图 1-52 所示。铣一个齿数 $Z=3$ 的离合器,第一刀就可将齿槽 1 的右侧和齿槽 3 的左侧铣出。只要三次铣削行程,各齿槽的左右两侧就完全铣好。因此生产效率比铣削偶数齿离合器高。

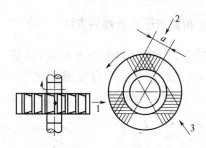

图 1-52　奇数齿离合器的铣削

2)当采用三面刃铣刀铣削时,铣刀不会切伤对面齿,因此铣刀直径不受离合器尺寸的限制。在铣削小直径离合器时,还可以采用宽度较小的锯片铣刀铣削。

3)为了使奇数离合器在使用时能顺利结合和脱开,也应使离合器的齿比齿槽略小一些,以获得一定的齿侧间隙,其方法有两种:

①将离合器的各齿侧面都铣成偏离工件中心一种距离 S,如图 1-53(a)所示。一般可根据工件直径的大小取 $e=0.1\sim0.5$ mm。这可在对刀后,调整铣刀侧刃的切削位置来达到。这种方法由于齿侧不通过工件中心,造成齿侧接触不好,适用精度要求不高离合器的铣削。

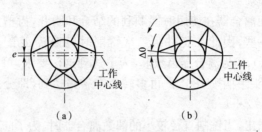

图 1-53　奇数齿离合器获得间隙的方法

②可将齿槽角铣大于齿面角,如图 1-53(b)所示。这种方法是将离合器按图 1-52 所示铣削后,使离合器偏转一个角度 $\Delta\theta=1°\sim2°$,再铣削一次,把所有的齿槽左侧或右侧再铣去一些来达到。这样铣出的离合器,其齿槽的左右侧面都通过工件中心,使齿侧面接触良好。但缺点是增加了铣削次数,加工效率低,主要用于精度要求较高的离合器铣削。

4. 铣削尖齿和锯齿形离合器的方法

等边尖齿和锯齿形离合器的齿形特点,是整个齿形(包括齿高、齿厚和齿宽)向工件轴线上一点收缩,即齿侧的延伸线都通过工件中心,由外圆向中心逐渐减小,如图 1-54 所示。

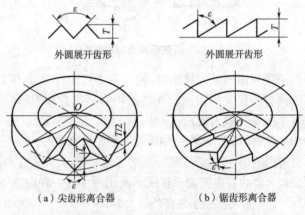

图 1-54　尖齿和锯齿形离合器

铣这类离合器时，必须把分度头主轴相对于工作台平面倾斜成一个 α 角，如图 1-55 所示。这样才会使齿底线处于水平位置，才能使铣出的离合器的齿在圆周和中心处有不同的深度。只有这样，才能铣出正确的齿形，啮合才好。

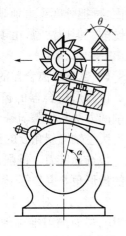

图 1-55　分度头倾斜角 α

(1)等边尖齿离合器的铣削

1)选择铣刀。铣削等边尖齿离合器，是用对称双角铣刀铣削。选用时，一般根据工件图纸选用与离合器齿形角 ε 相同的对称双角铣刀。而实际上由于工件倾斜一个 α 角，所铣出来的齿形角与图纸所要求的齿形角不相等，但因为它们之间的差距很小。如果相啮合的一对离合器用同一把铣刀铣出，但可以得到良好的接触面。因此，在选用铣刀角度 θ 时，可按工件的齿形角 ε 选取。

2)确定分度头倾斜角 α。倾斜角 α 与工件的齿数 Z 和所用的对称双角铣刀齿形角 θ 有关，用下式计算：

$$\cos\alpha = \tan\frac{90°}{Z}\cot\frac{\theta}{2}$$

式中　α——分度头主轴相对于工件台台面的倾斜角度(°)；

　　　Z——离合器齿数；

　　　θ——双角铣刀的齿形角(°)。

3)对刀。对刀时，使铣刀的刀尖中心对正离合器中心即可。一般采用试切法和划线法对刀。试刀法对刀的方法是先使铣刀的刀尖大致对准工件中心，在工件上铣一条浅印，然后把工件旋转 180°，再铣一条浅印，如果两条印痕不重合，可将铣床横向工作台移动两印痕间距的 1/2 即可。划线对刀的方法是先在工件端面划一条中心线，然后把工件上的中心线与工作台纵向移动方向找平行，再把铣刀刀尖对正中心线即可。铣刀对中以后，把横向工作台紧固,再把分度头主轴倾斜成 α 角,接着将工作台上升至齿深,就可铣削。但应注意,由于工件倾斜了一个 α 角,所以每次分度只能铣出一个齿。

(2)锯齿形离合器的铣削

锯齿形离合器的齿槽角 ε 有 60°、70°、75°、80° 和 85° 等几种。铣削的方法与步骤与铣削尖齿离合器基本相同。只是所用铣刀和分度头主轴倾斜角 α 的计算方法有所不同。

1)选择铣刀。铣削锯齿形离合器都是采用单角铣刀铣削,铣刀的齿形角 θ 也是等于离合器的齿槽角 ε。

2)对刀。对刀时,应使单角铣刀的端面侧刀准确地通过工件中心。除同样可以试切法和划线法对刀外,还可以采用下面的方法对刀,如图 1-56 所示。操作的方法是先使工件外圆表面与铣刀的端面刃轻微接触,然后垂直退出,再将工件向铣刀方向横向移动一个等于工件半径 R 的距离,即可完成对刀。

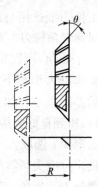

图 1-56　铣锯齿形离合器的对刀

3)确定分度头主轴倾斜角 α。

铣削锯齿形离合器和铣削尖齿离合器一样,也应使分度头主轴与工作台台面倾斜一个 α 角,计算式如下:

$$\cos\alpha = \tan\frac{180°}{Z}\cot\theta$$

式中　　α——分度头主轴与工作台台面倾斜角(°);

　　　　Z——工件齿数;

　　　　θ——单角铣刀齿形角(°);

5. 铣削梯形收缩齿离合器的方法

这种离合器的齿形,实际上就是把尖齿离合器的齿顶和槽底平行于齿顶线和槽底线的平面截去一部分。它的齿顶和齿槽底在齿长方向是等宽的,并且它们的中心线都通过离合器的轴线,如图1-57所示。因此,铣削梯形收缩齿离合器的方法和步骤与铣削尖齿离合器基本相同,分度头主轴与工作台台面的倾斜角 α 的计算也相同,所不同的是选择铣刀。

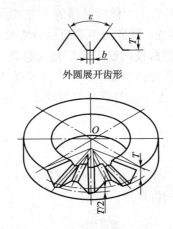

外圆展开齿形

图 1-57　梯形收缩齿离合器

(1)选择铣刀。铣削梯形收缩齿离合器是用铣形槽的成形铣刀,如图1-58所示。铣刀的齿形角 θ 等于离合器的齿形角 ε,刀齿顶的宽度 B 应等于离合器的槽底宽 b。

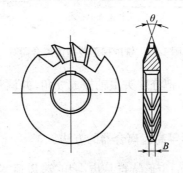

图 1-58　梯形槽成形铣刀

(2)对刀。对刀时应使梯形槽铣刀的齿形对称线通过工件中心,方法如图 1-59 所示。先将分度头主轴垂直向上,由操作者通过目测使铣刀齿形角对称线大致通过工件中心,按离合器的齿高 1/2 左右在工件径向铣一刀后,记下升降工作台手轮刻度盘的刻度,然后降低工作台,使铣刀退出工件。将工件转过 180°,并移动纵向工作台,使铣刀处于工件所铣槽的上方,慢慢把工作台升高,同时观察铣刀两侧与工件齿槽两侧的接触情况,若铣刀两侧与工件齿槽两侧同时接触,说时铣刀齿形角对称线已通过工件中心。如果一侧接触,说明没有对好刀。这时可根据升降工作台手轮刻度盘读数与第一刀试切的差值 x 计算出铣刀齿形对称线偏离工件中心的距离 e:

$$e = \frac{x}{2}\tan\frac{\theta}{2}$$

式中　　x——升降工作台刻度盘的差值(mm);

　　　　θ——铣刀的齿形角(°)。

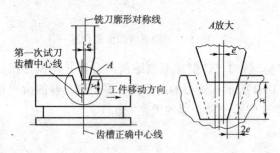

图 1-59　铣削梯形收缩齿离合器对刀

对刀结束后,把分度头主轴扳成 α 角,并调整好切削深度,即可开始铣削。

6. 铣削梯形等高齿离合器的方法

这种离合器的齿形特点是齿高相等,齿顶宽和齿槽底宽是由外向内收缩,并且所有的齿侧中心线都通过离合器的轴线,如图

1-60 所示。梯形等高齿离合器的铣削方法和梯形收缩齿离合器完全不同,但和铣矩形齿离合器类似,其铣削步骤和方法如下:

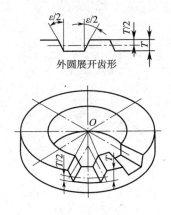

图 1-60 梯形等高齿离合器

(1)工件装夹。工件装夹与铣削矩形齿离合器完全相同,分度头主轴必须垂直于铣床工作台台面。

(2)选择铣刀。铣削这种离合器应采用专用的成形铣刀。铣刀的齿形角 θ 应等于离合器的齿形角 ε,铣刀齿形的有效工作高度 H 应大于离合器的齿高 T,而铣刀的齿顶宽 B 大小的确定,应考虑到铣削时不能碰伤齿槽的另一齿侧面。

(3)对刀。铣削时,应使铣刀侧刃上的 K 点通过工件齿侧中心线,如图 1-61 所示。对刀时,可先按铣削梯形收缩齿离合器的对刀方法,使铣刀的齿形对称线通过工件中心,然后再移动横向工作台一段距离 e,计算式如下:

$$e = \frac{B}{2} + \frac{T}{2}\tan\frac{\theta}{2}$$

式中　B——铣刀齿顶的宽度(mm);

　　　T——离合器齿高(mm);

　　　θ——铣刀齿形角(°)。

对刀结束后,应将工件偏转一角度,以便将对刀时在工件切去的齿槽铣去。然后调整好切削深度,就可开始正式铣削。

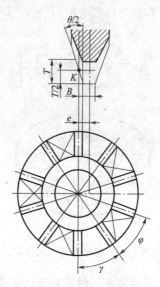

图 1-61 铣刀的工作位置

（4）铣削方法。梯形等高齿离合器,一般都设计为奇数齿,所以和铣削奇数齿矩形离合器一样,铣刀每走刀一次可铣出相对两齿侧,当铣削次数等于离合器齿数时,就可将所有的齿侧铣好。

有时遇到的梯形等高齿离合器的齿槽角 γ 大于齿面角 ϕ（图1-61）,则应将齿槽按上述方法铣好后,根据齿槽角的要求,把工件偏转 $(\gamma-\phi)/2$ 的角度,将各齿的左侧或右侧再铣去一刀。

7. 刻线时刀尖角的选择

在铣床上为工件表面刻线时,一般采用高速钢刀头磨成,刀具前角 $\gamma_0=0°\sim5°$,刀尖角 ε_r 可根据刻线的宽度 b 和深度 t 计算而得,$\varepsilon_r=\tan\varepsilon_r/2=b/2t$。

当工件的刻度线没有宽度和深度要求时,可选取刻线刀的刀尖角 $\varepsilon_r=45°\sim60°$。

8. 刻线时分度方法与刻线

在工件上刻圆周等分线或角度线时,应根据刻线在工件的位置来调整分度头主轴的仰角。如在圆柱体表面刻线,分度头主轴为水平位置,如图 1-62 所示。在工件端面刻线时,分度头主轴应垂直于铣床工作台台面。在圆锥面上刻线时,分度头主轴轴线的仰角应等于工件圆锥的斜角,如图 1-63 所示。然后根据工件分度的要求,计算和调整分度头分度手柄的转数 n。若工件要求刻圆周等分线,则可采用单式分度法;若工件要求刻角度线,则应采用角度分度法。

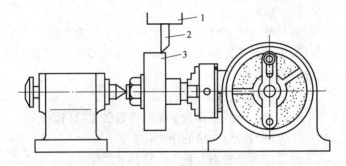

图 1-62　在圆柱外圆表面刻线

1—刀夹;2—刻线刀;3—工件

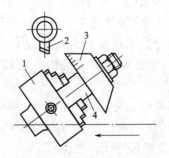

图 1-63　在圆锥表面上刻线

1—分度头;2—刻线刀;3—工件;4—心轴

刻线时,用心轴将工件装夹在分度头上自动定心卡盘,找正工件,使工件的径向和端面圆跳动小于 0.05 mm,否则刻出的线宽度和深度不一致。刻线刀尖横向的位置应对准工件中心。为了防止刻线刀的转动,应把铣床主轴调到最低转速的位置。刻线的长度,用铣床纵向行程刻度盘来控制。

9. 刻直线尺寸线的方法

在直尺上刻线时,可把工件装夹在铣床工作台台面上,并找正工件刻线的一侧,使其与工作台纵向移动方向平行,然后移动横向工作台来进行刻线。

(1)整数尺寸刻线。对于要求刻线每格距离为整数尺寸线,每刻一条线后,工件的移动距离可直接用铣床纵向进给手轮刻度盘进行,其计算公式为:

$$n = t/s$$

式中　　n——每刻一条线工作台手轮刻度盘转过的格数;

　　　　t——工件刻线每一格的距离;

　　　　s——工作台手轮刻度盘每一格移动的距离。

(2)非整数尺寸刻线。当遇到工件刻度线每格的距离不是整数时,就不能用上述的方法。这时就用直线移距分度法,来使工作台移距。这种移距法,是将分度头和铣床纵向工作台丝杠用交换齿轮(俗称挂轮)联系起来。移动纵向工作台时,只需转动分度头的分度手柄,通过交换齿轮传动使工作台正确移距。直线移距分度法,可分为主轴交换齿轮法和侧轴交换齿轮法两种。

1)主轴交换齿轮法。它是利用分度头 1:40 的减速作用,因此只适用于要求间隔较小的工件。主轴交换齿轮法的传动系统,如图 1-64 所示,其交换齿轮计算公式如下:

$$\frac{40t}{nP_{丝}} = \frac{Z_1 Z_3}{Z_2 Z_4}$$

式中　　Z_1、Z_3——主动交换齿轮齿数;

Z_2、Z_4——被动交换齿轮齿数；

t——每次分度时的移动距离值(mm)；

$P_{丝}$——铣床工作台纵向传动丝杠螺距(mm)；

n——每次分度时分度手柄的转数。

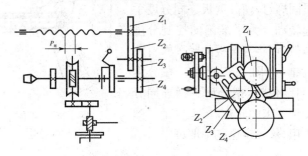

图 1-64　主轴交换齿轮移距法的传动系统

按上式计算交换齿轮时，式中 n 可以任意选取，但要保证交换齿轮的传动比不大于 2.5，以保证传动平稳。n 的选取范围，一般为 1～10 之间的整数。

2)侧轴交换齿轮法。对于移距间隔较大的工件，应采用这种方法，不通过 1∶40 的减速，把交换齿轮配置在分度头交换齿轮轴和纵向传动丝杠之间，如图 1-65 所示。交换齿轮的计算公式如下。

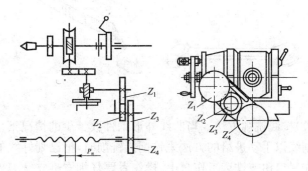

图 1-65　侧轴交换齿轮移距的传动系统

$$\frac{t}{nP_{丝}} = \frac{Z_1 Z_3}{Z_2 Z_4}$$

采用侧交换齿轮法移距时,分度
手柄的定位销不能拔出,应松开分度
板的紧固螺钉,使分度板连同分度手
柄一起转动。为了准确的控制分度
手柄转数,可将分度板的紧固螺钉改
为定位销,如图 1-66 所示。在分度
时,拔出定位销,把分度手柄连同分
度板转到要求的转数时,定位销靠弹
簧的作用,落入定位孔中即可。

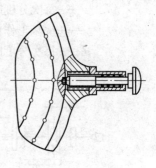

图 1-66　定位销

第五节　铣削曲线外形和特形面

1. 按划线铣削曲线外形

有些机械零件的外形轮廓线是由规划的曲线和直线或圆弧线
所构成,这种零件叫做曲线外形零件,如图 1-67 所示。

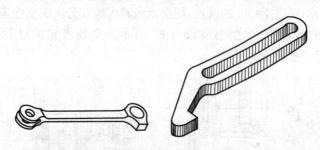

图 1-67　曲线外形工件

(1)按线铣削方法。当曲线外形工件数量少的情况下。常采
用按划线以手动进给的方法来铣削。铣削时,把已划好线的工件
装夹在平口钳或铣床工作台上,操作者要仔细看准立铣刀外圆和
工件上的划线,用双手分别操纵纵向和横向进给手轮(有时也可利
回转工作台圆周进给和工作台的纵向横向机动进给相配合),使铣

刀外圆沿工件上的划线移动,就能铣出各种曲线外形。但采用这种方法,曲线外形表面精度和生产效率完全取决于操作者的技术熟练程度,而且劳动强度大。

(2)注意的问题。铣削时,可先采用单向进给的方法,先将大部分余量切除。然后再按划线经过粗、半精和精几次铣削,逐步把划线的样冲孔铣去一半。尽量不可一次将曲线一次铣出;在铣削过程中,也必须正确运用"手轮反摇法",以消除因工作台窜动而造成打刀现象;铣削曲线形面较长的工件时,可以一个方向采用机动进给,另一方向采用手动进给相配合,以减轻劳动强度,并可提高铣削质量;粗铣时铣削速度可低一些,而精铣 v_c 可高一些,以利于提高曲线形表面的质量。

2. 用回转工作台铣曲线外形

利用回转工作台在立铣上用立铣刀铣圆弧槽或曲线、直线、圆弧组成的曲线外形。只要装夹正确,采用合理的铣削步骤,就能加工出精度较高的各种曲线外形。

(1)装夹工件。在回转工作台装夹工件的方法有以下几种:

1)用三爪自定心卡盘装夹。如图 1-68 所示,先将三爪自定心卡盘安放在回转工作台上,并找正后用压板固定,再用卡盘夹住工件。这种方法适用于圆盘或圆柱形工件曲线形面的铣削。

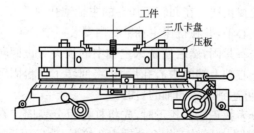

图 1-68　用三爪自定心卡盘装夹工作

2)用压板螺栓压紧工件。如图 1-69 所示,它是将不规则形状的工件,用压板螺栓直接压紧在回转工作台上,并在压紧前找正加工部位与回转工作台相互位置。

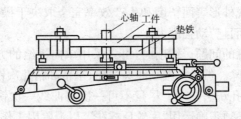

图 1-69　用压板螺栓压紧工件

3)用专用夹具装夹工件。如图 1-70 所示,在成批生产时,常在回转工作台上安装专用夹具来装夹工件。这种方法效率高、质量好。

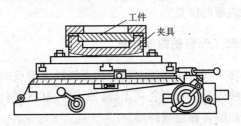

图 1-70　用专用夹具装夹工件

(2)找正中心。为了保证工作圆弧中心和圆弧半径尺寸,以及圆弧面与相邻表面圆滑相切,铣削前必须找正中心,其内容与方法如下:

1)找正铣床主轴与回转工作台主轴同轴。找正方法有:

①顶尖找正法。在回转工作台的主轴锥孔内插入一根带有中心孔的找正心轴,并在铣床主轴锥孔内安装一个顶尖。找正时,回转工作台先不紧固,然后使铣床主轴中的顶尖对正回转工作台主轴内的找正心轴上端的中心孔后,再将回转工作台固定在铣床工作台上,即可达到两者同轴的目的。

②百分表找正法。找正时,先将杠杆百分表固定在铣床主轴上,使表的测头与回转工作台主轴内孔接触,然后用手转动铣床主轴,并调整铣床纵、横向工作台,使百分表的摆动在 0.02 mm 以内即完成了找正中心的工作,并把纵、横向手轮刻度盘对零,以作为以后调整中心的依据。

2)找正工作圆弧与回转工作台的同轴。方法有：

①按线找正。在铣床主轴与回转工作台主轴同轴后，并把工件的圆心与回转工作台主轴也找同轴。然后将铣床纵向或横向工作台根据工件圆弧半径移动一个距离，再转动回转工作台，使铣床主轴上的顶尖与工件上所划圆弧中心线重合即可。

②按工件的内孔找正。找正时，把百分杠杆表固定在铣床主轴上，测头与工件内孔接触，转动回转工作台进行找正工件内孔与回转工作台主轴中心同轴。当工件内孔直径较小或工件数量多时，可采用心轴定位，即把心轴固定在回转工作台的主轴孔内，把工件装在心轴上端即可。

（3）注意的问题。铣削曲线外形的铣刀直径应大些，但不能大于凹圆弧 2 倍半径，以防铣刀折断；铣削封闭式圆弧槽时，应先在槽两端钻出小于槽宽尺寸的落刀孔；铣削时应采用逆铣法，以防刀具折断。对于用回转工作台来说，铣凸圆弧面时，转动的方向和铣刀旋转方向一致，而铣凹圆弧面时，两者方向相反；在铣削直线与圆弧相切的工件时，应尽可能做到一次连续性铣削，并在铣削时，由工作台直线进给运动变成为回转工作台的圆周进给运动中，变换速度尽可能快，以防止铣削力因进给停顿而造成"深啃"现象。

3. 用靠模铣削曲线外形

靠模铣削法就是做一个与工件形状相同的靠模板，铣削中，依靠它使铣刀始终沿着它的外形轮廓线做进给运动，而获得正确的曲线外形。但是由于靠模板需要专门设计与制造，所以只有在工件数量较多的情况下采用。

图 1-71 所示是按靠模手动进给铣削曲线外形的情况。先将靠模与工件叠合在一起，并固定在铣床工作台上，用双手分别操纵纵向和横向工作台手柄，使立铣刀的柄部外圆始终和靠模板形面相接触，铣刀的圆柱刃就可把工件的曲线外形逐渐铣成。在粗铣时，铣刀柄部外圆先不与靠模接触，保持一定均等距离，留出精铣余量。

利用这种方法铣削时，立铣刃柄部外圆必须和刃部外圆直径相

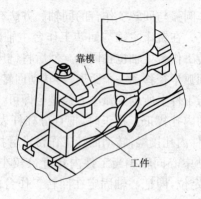

靠模

工件

图 1-71　手动进给靠模铣削

等,才能使铣出的工件形状与尺寸和靠模一致。手动进给靠模铣削,也可用于回转工作台的圆周进给和铣床工作台纵向或横向进给相配合进行。

4. 用成形铣刀铣曲线形面

成形铣刀的切削刃形状和工件曲线形面一样,形状方向相反,如图 1-72 所示。成形铣刀可分为盘形、组合、镶齿和可转位刀片组合成形铣刀,如图 1-73 所示。

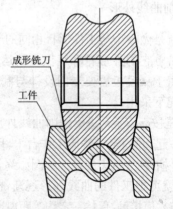

成形铣刀

工件

图 1-72　成形铣刀铣削曲线成形面

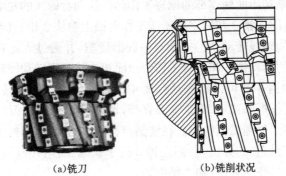

(a)铣刀 (b)铣削状况

图 1-73 可转位刀片组合成形铣刀

这种铣削曲线形面的方法,操作简便,生产效率高,工件成形面由刀具制造精度保证。

5. 采用专用装置铣大半径圆弧面

要在铣床上铣削精确的大半径圆弧面,可采用图 1-74 所示的装置来铣削。

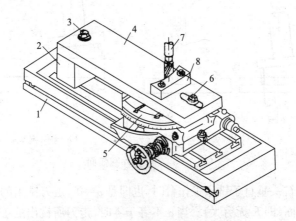

图 1-74 铣削大半径圆弧面工装

1—工作台;2—垫块;3—固定销;4—摆动台面;5—回转工作台;

6—活动销;7—铣刀;8—工件

该装置是利用曲柄连杆的原理工作的。摆动台面 4 的左端有一个孔,通过固定销 3 和固定在铣床工作台面上垫块 2 相连接,使其绕固定销的轴线转动。另一端有一腰形通槽,并通过固定在回转工作台 5 的活动销 6 和回转工作台台面相连接。当转动回转工作台时,活动销 6 就可带动摆动台面 4 作绕固定销 3 轴线转动。铣削时,只要根据圆弧 R 及立铣刀直径,调整固定销和铣刀的中心距,就可将工件圆弧面铣成。在铣削半径很大的圆弧面时,也可将铣床工作台加长的办法,使固定销 3 处于铣床工作台外。这种装置结构简单,使用方便,加工精度高。

6. 铣大半径内、外圆弧面

销削较大半径内、外圆弧面时,可在立铣上采用盘形刀具铣削,如图 1-75 所示。在铣外圆弧面时,R 受到刀具切削半径 r 及工件长度的限制,只能铣削较短的工件。

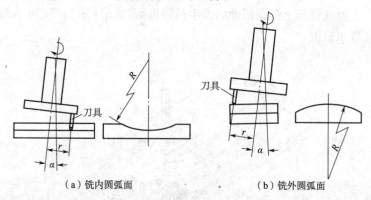

（a）铣内圆弧面　　　　　　　（b）铣外圆弧面

图 1-75　铣内、外圆弧面

当铣头垂直于铣床工作台时,也即是 $\alpha=0°$,走刀铣出的加工面为一平面(即 R 无穷大)。当 α 不等于零时,走刀所铣出的工件表面是一个内圆弧或外圆弧面。立铣头倾斜角 α 的计算公式为:

$$\sin\alpha=\frac{r}{R}$$

式中　α——立铣头倾斜角(°)；

　　　　R——工件圆弧半径(mm)；

　　　　r——刀盘切削半径(mm)。

7. 大球面的铣削

在生产中有时遇到球面直径为 300 mm 以上的外球面,其精度要求较高,表面粗糙度值也要求较小。为此可在卧铣上,把工件装夹在回转工作台上,对工件进行铣削,如图 1-76 所示。

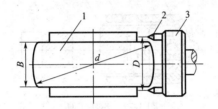

图 1-76　铣削大球面

1—工件；2—刀头；3—刀盘.

(1)球面铣削原理。在铣削球面时,只要使铣刀和工件同时旋转,并使铣刀旋转中心和工件旋转中相交于一点,铣刀在工件上所形成的轨迹就是球面的一部分。只要工件旋转一周,工件的表面就是球面。

(2)工件的安装和铣刀直径的选择。把图 1-76 所示的工件和铣床用的回转工作台一起安装在铣床工作台上。用万向连轴节把回转工作台的传动轴与铣床光杠传动齿轮轴连接,通过铣床光杠的传动,带动回转工作台转动,形成铣削时的进给运动。刀盘刀头的旋转直径 D 应大于球面宽度 B,一般 $D=(B+10)$ mm 左右。

(3)铣削方法。工件在回转工作台安装好后,必须用移动铣床纵向和升降工作台的位置,使刀具的旋转中心和工件球面的中心相重合,方法可用划线和试切法。切削用量,在粗铣时 $v_c=100\sim150$ m/min,$v_f=50\sim100$ mm/min,$a_p=2\sim4$ mm,精铣时,$v_l=150\sim180$ m/min,$a_p=0.5$ mm,$v_f=30\sim60$ mm/min。此时球表

面粗糙度值可达 $R_a 3.2~\mu m$。

（4）球面滚压加工。为了使工件球面表面粗糙度值达到 $R_a 0.8 \sim 0.4~\mu m$，可采用图 1-77 所示的滚压工具，安装在铣刀盘上，对球面进行滚压。滚压时，使滚球 1 与球面接触后，再横向进给 $0.05 \sim 0.07~mm$，使其对工件表面有一定的压力。这时 $v_c = 120 \sim 150~m/min$，$v_f = 25 \sim 30~mm/mim$，然后开动机床使刀盘和回转工作台旋转，对工件表面涂上润滑油，对工件球面进行滚压。

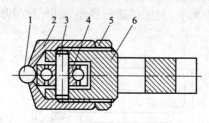

图 1-77　滚压工具

1—滚珠；2—支承套；3—销轴；4—轴承；5—锁母；6—工具体

8. 铣削轴中间为外球面的方法

球面的任意截面都是一个圆面。它的外形均是一个圆。在铣削球面时，只要使铣刀和工件同时旋转，两个的中心相交于一点，铣刀在工件表面所形成的轨迹包络面就是球面。

铣球面时，一般采用硬质合金铣刀进行高速铣削。在精加工时，为了获得较小的表面粗糙度值，工件转速可控制在 $5~r/min$ 以内，铣刀速度 $v_c = 150 \sim 200~m/min$，工件安装在分度头和尾架上，如图 1-78 所示。

工件安装好后，为了使铣刀的旋转中心线与工件旋转的中心线相交于工件球心，铣削前要对好中心。其方法与铣键槽对中心相同。在粗铣时，也可采用试切法精确对中，即在铣削中观察铣出工件上的刀痕，当铣出的刀痕均匀相交呈网状时，说明铣刀中心与工件旋转中心对正了。

调整铣刀刀尖旋转直径 e，使其等于或略小于截球面长度 L，

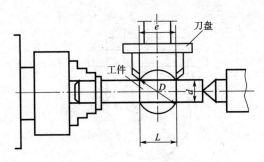

图 1-78　铣中间为球面的工件

也可用下式计算：

$$e = \sqrt{D^2 - d^2}$$

式中　　D——球面直径(mm)；

　　　　d——工件两端圆柱直径(mm)。

　　调整好铣刀 e 和对好中心后,若采用卧铣,应把升降工作台紧固,采用横向吃刀;若采用立铣,就应把横向工作台紧固,用升降工作台吃刀。

9. 铣削带圆柱柄的圆球

　　在立铣上铣削带圆柱柄的圆球,如图 1-79 所示。将工件安装在分度头上,然后把分度头主轴扳起一个 α 角,α 角的度数用下式计算：

$$\sin 2\alpha = \frac{BC'}{OB} = \frac{\dfrac{d}{2}}{\dfrac{D}{2}} = \frac{d}{D}$$

式中　　D——圆球直径(mm)；

　　　　d——圆柱柄直径(mm)。

　　调整铣刀刀尖旋转直径 e,按下式计算：

$$e = D\cos\alpha$$

式中　　D——圆球直径(mm)；

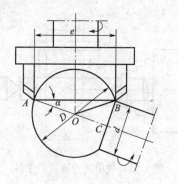

图 1-79　铣带柄的圆球

α——分度头主轴扳起的角度(°)。

铣削时,铣床的调整、对中心和切削用量的选择,参照上题。在铣削时先垂直进给,当刀尖铣到 B 点时,停止垂直进给,再转动分度手柄进行圆周进给,使工件转动一周后,即可铣出圆球。一般在铣削时,先别使刀尖到 B 点进行粗铣,然后进行测量球径,根据余量大小,再垂直吃刀后进行精铣。

10. 铣削大直径截球面

图 1-80 是用小直径刀盘铣削直径大,非完整球体的球面时。铣削前,先将粗车好的工件顶面划一以工件旋转中心的圆线,其尺寸为图纸要求的直径。然后在工件毛坯外圆上划一条垂直于中心的线,并在此线上划出中心点 E,通过 E 点的水平面划一个圆,测出此圆直径 D。再将划好线的工件安装在铣床回转工作台上,将铣头在纵向平面内扳转一个 α 角,α 角按下式计算:

$$\sin\alpha = \frac{D}{2R}$$

式中　 D——工件上 E 点的回转直径(mm);

R——所加工球面半径(mm)。

调整铣口旋转直径大于 B,并将铣刀旋转中心对准 E 点。铣削时,先纵向进给进行试切,待铣出的刀纹(通过横向工作台微调)

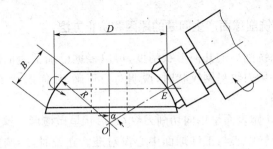

图 1-80 铣非完整球面

为网状纹并与工件顶面的圆线相切时,停止纵向进给,转动回转工作台进行圆周进给,即可铣出球面。在铣削的过程中,为了保证加工精度,应用样板来测量检测。

11. 铣削内球面

在铣床上铣削内球面的原理与铣削外球面相同。在工件端面划好球面直径的圆线,安装在铣床分度头三爪自定心卡盘中,或用螺栓、压板把工件安装在回转工作台上。找出刀杆中心线和工件中心线同在一个垂直平面内,然后把立铣头扳一个 α 角,如图 1-81 所示。调整刀头旋转半径 R 等于球面半径,使刀尖的旋转半径等于 $e/2$,用下式计算:

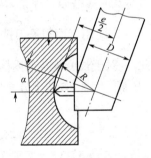

图 1-81 铣内球面

$$\frac{e}{2} = R\cos\alpha$$

式中　　e——刀尖旋转半径(mm);

　　　　R——球面半径(mm);

　　　　α——铣头扳的角度(°)。

铣削时,刀尖必须通过球面中心,刀具切削速度 $v_c = 150\sim 200 \ \text{m/min}$,工件转速 $n = 5\sim 10 \ \text{r/min}$,便可以铣出内球面。吃刀时,采用移动纵向工作台。

12. 铣削球面产生问题的原因和防止方法

球面铣削后的几何形状精度，可以根据已加工表面的刀纹来判断。如果刀纹呈网纹状时，说明对刀正确，几何形状也好，否则就不正确。

（1）球体表面呈单向切削刀纹，其形状呈椭圆形。这主要是由于铣刀旋转中心与工件球面中心没对准。立铣时，应调整横向工作台，卧铣时应调整升降工作台，来消除因未对中所产生的单向切削刀纹，使铣出的球面达到网状刀纹，保证球的圆度。

（2）内球面表面虽呈现网状刀纹，但外口直径扩大，内球面底部出现尖状凸台。这表明铣刀刀尖没有和球端面中心对准。这时需要上升或下降升降工作台来消除。

（3）球面表面粗糙度值大。这主要是圆周进给量大而不均匀或刀具磨损大而造成。应调整圆周进给量，用手转动工件时要均匀，及时修磨刀具保持刀具锋利。

13. 用三面刃铣刀铣内椭圆面

对于长度较长的内椭圆面（图 1-82），可在立铣上用三面刃铣刀加工出来，方法十分简单。

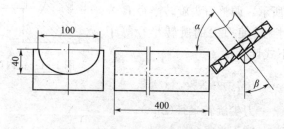

图 1-82　铣内椭圆面

要铣削图 1-82 所示的工件，椭圆面长轴直径为 100 mm，短轴直径为 80 mm，长度为 400 mm。加工时，选用与椭圆面长轴直径相同的三面刃铣刀，工件轴线与立铣纵向工作台平行，立铣头应扳

转一个 β 角,其值按下式计算:

$$\beta=90°-\alpha$$

$$\cos\alpha=\frac{d}{D}$$

式中　d——椭圆的短轴直径(mm);

　　　D——椭圆的长轴直径(mm)。

铣削上述椭圆面工件时,立铣头所需扳角 β 为:

$$\cos\alpha=\frac{d}{D}=\frac{80}{100}=0.8$$

$$\alpha=36°52'$$

$$\beta=90°-\alpha=90°-36°52'=53°08'$$

14. 铣削椭圆孔

椭圆形工件,如椭圆柱和椭圆孔。椭圆形成的原理:一个圆柱,当用刀垂直于圆柱轴线切断后,得到截面是一个圆。若切断的方向和圆柱的轴线倾斜某一个角度时,这时所得到的截面却是一个椭圆面。其椭圆面的大直径叫长轴,用 D_1 表示,小直径叫短轴,用 D_2 表示,如图 1-83 所示。切断的方向与圆柱的轴线夹角越小,椭圆的长、短轴直径之差就越大。立铣就是根据这个原理来加工椭圆的。

在立铣上镗椭圆孔时,把镗刀杆安装在立铣头主轴锥孔内,根据椭圆长轴 D_1 的大小调整镗刀的伸出长度,使镗刀的旋转直径 $D=D_1$。然后把铣头扳转一个 α 角,α 角用下式计算:

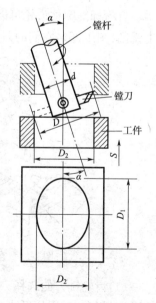

图 1-83　在立铣上加工椭圆孔

$$\cos\alpha = \frac{D_2}{D_1}$$

式中　D_1——椭圆孔长轴直径(mm);

　　　D_2——椭圆孔短轴直径(mm)。

在立铣上镗椭圆孔加工要点:工件安装时,椭圆孔的轴线应垂直于铣床工作台,而椭圆孔的短轴方向必须和纵向工作台进给方向平行;铣床主轴轴线和椭圆孔轴线找正在同一垂直平面内,可用对中和调整横向工作台的方法来达到;工件的轴向进给,用升降工作台来进行,但要注意椭圆孔不宜太长,否则倾斜的刀杆会与孔壁相碰。

第六节　铣削齿轮、蜗轮和齿条

1. 铣削标准圆柱齿轮

直齿标准圆柱齿轮可以在卧铣上铣削(图 1-84),也可在立铣上铣削(图 1-85),它们的刀具和操作步骤是相同的。

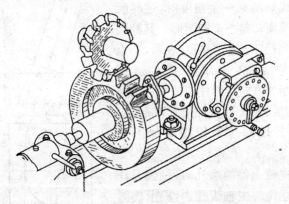

图 1-84　在卧铣上铣直齿圆柱齿轮

(1)齿轮铣刀的选择。铣削齿轮的基本要求是保证齿形正确和分度均匀。采用仿形法在普通铣床上铣削齿轮,其齿形是由铣刀的截面形状来保证。至于分度均匀则是依靠齿坯安装在分度头

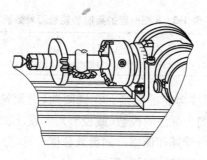

图 1-85　在立铣上铣直齿圆柱齿轮

上分度的正确来保证。

齿形渐开线的形状和基圆 d_b 的大小有关,而齿轮的基圆直径 d_b 和模数 m、压力角 α 和齿数 Z 有关,即 $d_b = mZ\cos\alpha$。式中压力角 $\alpha = 20°$ 是标准的。因此在同一模数 m,由于齿数 Z 不同,其基圆直径 d_b 也不同。齿轮齿数越少,其基圆 d_b 就小,渐开线齿形就弯曲。齿数越多,基圆直径 d_b 就越大,其渐开线齿形就越平直。当 $m = 1 \sim 8$ mm 时,齿轮铣刀号数分为 8 组,见表 1-1。当 $m = 9 \sim 16$ mm 时,铣刀号数就分为 15 组,见表 1-2。选择铣刀时,可根据齿轮的齿数 Z 从表中查得相对应的铣刀号数,选择与工件相同的模数 m 即可。

表 1-1　8 把一套的齿轮铣刀号数表

铣刀号数	1	2	3	4	5	6	7	8
加工齿数范围	12～13	14～16	17～20	21～25	26～34	35～54	55～134	135～齿条

表 1-2　15 把一套的齿轮铣刀号数表

铣刀号数	1	$1\frac{1}{2}$	2	$2\frac{1}{2}$	3	$3\frac{1}{2}$	4	$4\frac{1}{2}$	5	$5\frac{1}{2}$	6	$6\frac{1}{2}$	7	$7\frac{1}{2}$	8
加工齿数范围	12	13	14	15～16	17～18	19～20	21～22	23～25	26～29	30～34	35～41	42～54	55～79	80～134	135～齿条

铣削英制径节齿轮的齿轮铣刀是 8 把一套,但径节齿轮铣刀的刀号排列与模数齿轮铣刀的排列相反,这一点应注意,选用时可查表 1-3。

表 1-3　8 把一套的英制齿轮铣刀号数表

铣刀号数	1	2	3	4	5	6	7	8
加工齿数范围	135～齿条	55～134	35～54	26～34	21～25	17～20	14～16	12～13

（2）直齿圆柱齿轮的铣削。在铣削前，必须熟悉齿轮的工作图。根据工作图上标注的模数（或径节）、齿数、压力角和加工精度等技术要求进行计算和调整。如齿数分度计算、分度盘的调整、齿轮测量与计算、选择铣刀号数等。

1）检查毛坯尺寸。检查齿顶圆是否符合要求，以便确定切削深度和测量齿厚时，根据齿顶圆实际尺寸予以增减，保证分度圆齿厚正确。

2）齿坯的安装与找正。把齿轮坯套装在心轴上，并将心轴的一端夹在三爪自定心卡盘中，另一端用尾架支承，并找正齿坯外圆和端面。

3）选择铣刀。根据齿轮的模数（或径节）和齿数选用相对的铣刀模数（或径节）和号数。

4）分度计算与调整。根据齿轮的齿数，调整分度头分度手柄转数 n。

$$n = 40/Z$$

式中　　n——分度手柄应转过的转数；

　　　　40——分度头定数；

　　　　Z——齿轮的齿数。

5）确定切削用量。根据工件材料不同，选用不同的切削速度 v_c，一般情况下，v_c 为一般铣削的 $75\% \sim 85\%$，以保证刀具耐用度。每齿进给量 $f_z = 0.03 \sim 0.1$ mm。

6）对中心。一般采用切痕法对中心。

7）试铣。为了检查分度正确，应先在齿轮外圆边缘处周边铣出浅的刀痕，以防分度失误造成废品。

8）铣削深度的调整和补充进刀量的确定。开动机床，移动垂直或横向工作台，使工件与铣刀轻轻接触，然后纵向退出工件，将工作台升高（卧铣）或横向（立铣）移动一个全齿高 h（$h = 2.2$ m），进行铣削。为了保证齿厚尺寸，一般应分粗铣和精铣，即第一次铣

削深度小于 h。在精铣时,根据测得实际余量再作补充进行。补充进给量可按下面三种情况进行计算:

①分度圆弧齿厚的补充进刀量 $\Delta \overline{S}$

当 $\alpha = 20°$ 时,$\Delta \overline{S} = 1.37(\overline{S}_实 - \overline{S})$

当 $\alpha = 14\frac{1}{2}°$ 时,$\Delta \overline{S} = 1.93(\overline{S}_实 - \overline{S})$

②固定弦齿厚的补充进刀量 $\Delta \overline{S}_c$

当 $\alpha = 20°$ 时,$\Delta \overline{S}_C = 1.17(\overline{S}_{C实} - \overline{S}_C)$

当 $\alpha = 14\frac{1}{2}°$ 时,$\Delta \overline{S}_C = 1.73(\overline{S}_{C实} - \overline{S}_C)$

③公法线长度的补充进刀量 ΔW

当 $\alpha = 20°$ 时,$\Delta W = 1.462(W_实 - W)$

当 $\alpha = 14\frac{1}{2}°$ 时,$\Delta W = 1.997(W_实 - W)$

式中 $\overline{S}_实$——粗铣后测量的实际分度圆弦、齿厚(mm);

       $\overline{S}_{C实}$——粗铣后测量的实际固定弦齿厚(mm);

       $W_实$——铣削后测量的实际公法线长度(mm)。

2. 铣削齿轮时产生问题的原因及防止方法

(1)齿数与图纸要求不符。其原因是分度盘孔圈数选错了,分度叉之间孔距不对,分度计算错误和铣削过程中分度错误。防止的方法是分度计算与调整要仔细认真,并用试切校核,分度叉要固紧防止松动。

(2)齿厚变动量大不一致。原因是分度手柄转数忽多忽少,当多转过孔距后,反向没有消除间隙量,铣刀摆动大和分度头没有锁紧。防止的方法是按分度叉转孔距,一定要注意消除反向间隙,分度后必须将分度头锁紧,安装铣刀时一定要找正铣刀。

(3)齿高和齿厚不正确。原因是全齿高计算有误,铣削深度调整不正确,刻度盘没有紧固。防止方法是认真计算全齿高,仔细测量和调整补充进刀量,锁紧刻度盘后调整铣削深度。

(4)齿形偏斜。原因是铣刀没有对正工件中心。防止方法是，采用切痕法对刀要仔细。

(5)齿面粗糙度值大。原因是每齿进给量大，刀具不锋利，没有使用润滑液，刀杆轴弯曲。防止方法是最好采用粗铣和精铣，精铣时刀具要锋利和适当减小进给量，校直刀杆轴，并使用润滑液。

(6)齿圈径向跳动大。原因是装夹齿轮坯时没有检测和找正齿轮坯外圆。防止方法是齿轮坯安装好后，一定要检测齿轮坯外圆的径向圆跳动量不要超过允许的范围，如超过应在三爪自定心卡盘某一卡中垫垫予以消除。

(7)公法线长度变动量超差。原因是分度不均匀，齿轮坯在安装时径向和端面偏摆大。防止方法是在分度时一定要沿同一方向进行，接近终止时要用轻推分度手柄，严防超过孔距，若超过孔距时，一定要消除间隙后再复位。

3. 铣削斜齿圆柱齿轮

斜齿圆柱齿轮或称为螺旋齿圆柱齿轮，在传动过程中，同时啮合的齿数比直齿圆柱齿轮多，而且是逐渐啮合又逐渐分开的。所以具有传动平稳，受力均匀和承载力大的特点。

在万能铣床上，用盘形铣刀铣斜齿圆柱齿轮时，不是按仿形法原理，而是按无心包络法原理。齿轮的齿形表面的形成，是铣刀相对于齿轮作螺旋运动时，铣刀切削刃所形成的回转表面在若干连续位置上的包络面。铣刀齿形求法较繁琐，在小批单件生产中，常采用铣削直齿圆柱齿轮的标准盘形齿轮铣刀来铣斜齿圆柱齿轮，但这样铣出的齿形是近似的。

(1)铣刀刀号的选择

1)一般计算法。根据斜齿圆柱齿轮的齿数 Z 和螺旋角 β 计算出假想齿数 Z'，再根据假想齿 Z' 来选择刀号，假想齿数的数值按下式计算，算出后再查表 1-1 和表 1-2 选刀号。

$$Z' = Z/\cos^3\beta$$

式中　Z——斜齿圆柱齿轮的齿数；

β——斜齿圆柱齿轮的螺旋角(°);

Z'——假想齿数。

2)查图法。铣斜齿圆柱齿轮选用铣刀号数时,可以根据工件的齿数和螺旋角从图 1-86 中查出。

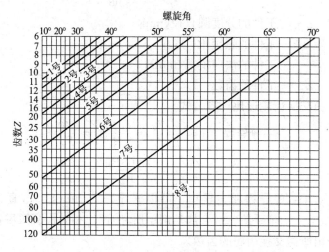

图 1-86　铣刀号数选择图

3)精确计算法。在万能铣床上用盘形齿轮铣刀铣斜齿圆柱齿轮,其齿形是近似的。齿面在靠近齿顶和齿根处都要产生一定的干涉过切量。螺旋角越大,过切量也越大,从而减少齿轮在啮合时接触面积。为了改善这种情况,当 $\beta>20°$ 时,可采用下面的精确计算公式来计算假想齿数 Z'。

$$Z' = \frac{Z}{\cos^3\beta} + \frac{D_C}{m_n}\tan\beta$$

$$D_C = D_O - 2.4m_n$$

式中　Z——工件齿数;

m_n——工件的法向模数(mm);

β——工件的螺旋角(°);

D_C——盘形齿轮铣刀的中径(mm);

D_0——盘形齿轮铣刀的外径(mm)。

(2)交换齿轮计算

1)斜齿圆柱齿轮导程 P_z 的计算公式:

$$P_z = \pi d \cot\beta = \frac{\pi m_n Z}{\sin\beta}$$

式中　d——工件的分度圆直径(mm);

　　　β——工件的螺旋角($°$);

　　　m_n——工件的法向模数(mm);

　　　Z——工件的齿数。

2)交换齿轮速比计算公式

$$\text{一般导程}\quad i = \frac{Z_1 Z_3}{Z_2 Z_4} = \frac{40 P_{丝}}{P_z} = \frac{240}{P_z}$$

$$\text{大导程}\quad i = \frac{Z_1 Z_3}{Z_2 Z_4} = \frac{1\,600 P_{丝}}{P_z} = \frac{9\,600}{P_z}$$

对于一般导程和大导程。可根据导程 P_z 或速比 i,直接从《机械工人切削手册》或《金属切削手册》中速比和导程交换齿轮表中查出所需交换齿轮的齿数。

(3)安装和调整分度头及交换齿轮。把分度头固定在铣床工作台右端,安装交换齿轮和调整分度手柄转数,并松开分度盘紧固螺钉,检查导程和螺旋方向是否正确。

(4)装夹和找正齿坯。装夹方法和找正内容与铣削直齿圆柱齿轮相同。但在铣削螺旋角较大斜齿轮时,应注意铣刀的铣削方向,以防止铣削时心轴螺母松动而导致工件报废。

(5)调整工作台转角。根据工件螺旋角大小和螺旋方向,把工作台转过一个角度,角度的大小等于工件螺旋角 β。并调整工作台横向位置,使工作台与床身留有适当距离,以防止工作台移动时碰到床身,如图 1-87 所示。

(6)安装铣刀和对中心。安装铣刀时,使它的位置尽可能处于齿坯轴线上。然后采用切痕对中法,使铣刀正确地对准齿坯中心。

(7)试铣。对刀结束后,在齿坯外圆上铣出一条浅刀痕,这时可观察刀痕的宽度和铣刀切削刃的宽度是否相同,以及刀痕线和

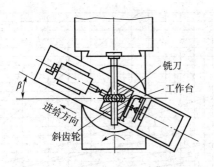

图 1-87 铣左旋斜齿轮工作台的位置

铣刀的旋转平面是否平行。如发现问题,应仔细检察工作台的转角或导程交换齿轮是否有误,重新调整予以纠正。

(8)铣削。铣削深度的调整和补充进刀量的调整,与铣削直齿圆柱齿轮一样。

4. 铣削直齿锥齿轮

在机械传动中,当两轴相交而且传动比不变时,就采用锥齿轮传动。

(1)直齿锥齿轮铣刀及其选择。铣削直齿锥齿轮时,必须选用直齿锥齿轮专用的盘形铣刀进行铣削。其模数应按锥齿轮大端模数选择,铣刀的齿形曲线也是按大端齿形曲线和齿槽深度设计的,其刀宽略小于小端齿槽宽度。对应每一种模数的锥齿轮也有一套铣刀,每套有 8 把和 15 把一套的。但要注意,锥齿轮铣刀刀号不是按齿轮的实际齿数来选择,而是按照锥齿轮的当量齿数 Z_V 来确定。锥齿轮的当量齿数 Z_V,按下式计算:

$$Z_V = \frac{Z}{\cos\delta}$$

式中　Z_V——当量齿数;

　　　Z——锥齿轮的实际齿数;

　　　δ——锥齿轮的分锥角(°)。

计算出锥齿轮的当量齿数 Z_V 后,并根据锥齿轮的分锥角 δ,在图 1-88 中查出相应铣刀的号数。

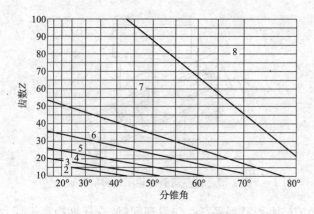

图 1-88　锥齿轮铣刀号数选择图

(2)直齿锥齿轮的铣削。直齿锥齿轮铣削的方法很多,在加工的实践中,根据不同加工条件,可采用以下几种铣削方法。

1)偏移法铣削。这种方法是利用工作台相对工件作一定的横向位移和分度头附加转动进行铣削的,也是在铣床上普遍采用的一种方法,其操作步骤如下:

①检查齿坯尺寸。按图纸要求检查齿坯各部尺寸符合要求。

②安装齿坯和找正。齿坯安装方法如图 1-89 所示。通常把齿坯直接安装在心轴上,紧固后并找正。然后将分度头主轴扳起一个根锥角 δ_f,并固定。

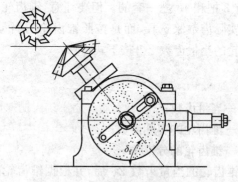

图 1-89　齿坯的安装

③安装铣刀和对中心。铣刀在刀杆上安好后,采用切痕法对中心。

④调整铣削深度进行铣削。对好中心后,移动纵向工作台使齿坯靠近铣刀,使铣刀刀尖和齿坯大端接触,然后退出齿坯,将工作台升高 $h=2.2$ m,按锥齿轮小端齿槽宽铣出全部齿槽。

⑤铣齿槽右侧面。将工作台按图 1-90 所示的实线箭头方向横向移动一个距离 S,S 值按下式计算:

$$S=\frac{mb}{2R}$$

式中　S——横向移动量(mm);

　　　m——齿轮模数(mm);

　　　b——齿宽(mm);

　　　R——外锥距(mm)。

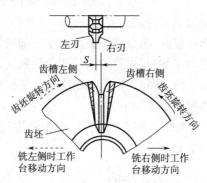

图 1-90　偏移量与分度头回转方向的关系

横向移动 S 后,再摇分度头手柄,使齿坯按图 1-90 中实线箭头方向旋转,使铣刀右侧刃切去大端齿槽右侧部分余量,并稍为切着小端齿槽右侧,但铣刀左侧刃不能碰伤小端齿槽左侧面。

由图 1-90 所示可知,铣右侧时,分度头向左转,工作台向右移;铣左侧时,分度头向右转,工作台向左转。这是铣锥齿轮的基本操作原则,必须熟练掌握。

铣过一刀后,就用齿厚游标卡尺测量锥齿轮大端齿厚,这时切去的余量应是开槽后的齿厚与图纸要求齿厚之差的一半。如果还有余量,可利用分度头的微动装置,将分度头手柄再转过1~2个孔或半个孔,然后再重铣一刀,直到符合上述要求为止后,再顺次把各齿的右侧铣完。

⑥铣齿槽左侧面。将工作台按图1-90中虚线箭头方向(即反方向)横向移动2S值,并反方向摇分度手柄(图中虚线箭头方向),然后按上述方法将齿槽左侧齿厚切到满足图纸要求的齿厚,并顺次将各齿左侧铣好。

在实际生产中,用上述方法铣削直齿锥齿轮的计算较为简便,但小端齿厚比理论上要求稍为薄一些,这主要是由于计算出的 S 值偏小,横向工作台移动量小。因此铣削后的锥齿轮不用修整即可使用。

2)转角法铣削。这种铣削方法和偏移法铣削不同的是分度头底座应有回转机构或将分度头安装在回转工作台上,如图1-91所示。在铣削齿侧余量时,将分度头底座在水平面内转动一个 β 角,同时适当移动横向工作台,先将齿槽一侧余量铣去,然后再将分度头反向转动两倍 β 角,横向工作也作相应的反向移动,铣削齿槽另一侧余量。具体操作步骤如下:

①转角 β 的计算。由图1-91可知,根据锥齿轮大小端齿槽宽的关系,β 角用下式计算:

$$\tan\beta = \frac{\pi m}{4R}$$

式中　m——锥齿轮大端模数(mm);

　　　R——外锥距(mm)。

②安装分度头并找正。将带有底座回转机构的分度头或把一般分度头和回转工作台固定在工作台上,并找正分度头主轴轴线与铣床纵向工作台进给方向平行。

③安装找正齿坯。将分度头主轴扳起一个根锥角 δ_f,并将齿坯用心轴安装在分度头上和进行找正。

④铣齿槽中部。如图1-91(a)所示,采用切痕对刀法,使铣刀

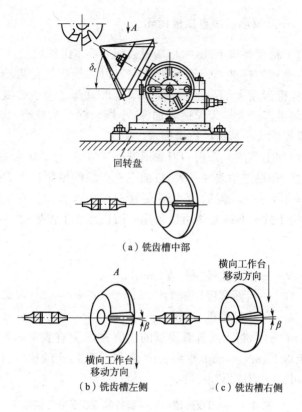

（a）铣齿槽中部

（b）铣齿槽左侧　　　　（c）铣齿槽右侧

图 1-91　转角法铣削直齿锥齿轮

对正齿坯中心，按全齿高调整切削深度，将各齿槽中部铣出。

⑤铣齿槽左侧。把回转盘顺时针转动一个 β 角，然后把横向工作台向外移动距离 S 后，如图 1-91（b）所示，将各齿槽左侧铣出。横向工作台偏移 S 的大小，应保证能将锥齿轮大端齿厚的余量铣去一半。

⑥铣齿槽右侧。当回转盘逆时针转动 2β 角（注意消除传动间隙），并将工作台横向向里移动 $2S$ 后，依次铣出齿槽的右侧。

5. 一刀成形铣削直齿锥齿轮

对于精度要求不高,大小端模数相差不多的锥齿轮,可采用锥齿中点模数的标准直齿圆柱齿轮铣刀以大端齿深将齿槽一刀铣成,这样锥齿轮大端齿形就厚,小端齿形就薄。为了改变这种现象,就将锥齿轮大端齿深适当加深,小端齿深适当减小,这样就可以使锥齿轮大小端齿厚符合要求。

(1)加工范围。采用一刀成形铣削锥齿轮,为了使大端齿顶不致于过尖和根锥角改变不大,被加工锥齿轮的锥距长度 R 的齿面宽度 B 不宜过小,齿的大小端模数不宜相差太大。在实际工作中,可用下式来判断是否可以采用一刀成形加工锥齿轮。

$$\frac{R}{B} \geqslant \frac{m}{0.6}$$

式中　R——锥齿轮锥距长度(mm);

　　　B——齿面宽度(mm);

　　　m——齿轮模数(mm)。

为了方便,将上式计算得到的比值 R/B 列在表 1-4,凡精度等级 9 级以下,$m \leqslant 4$ mm,锥距长度 R 和齿面宽 B 的比值符合下表的,均可以一刀成形加工。

表 1-4　一刀成形法铣削锥齿轮的范围及铣刀模数

被加工锥齿轮模数 m(mm)	锥距长度与齿面宽度的比值 $R/B \geqslant$	采用铣刀模数 m_0(mm)
4	6.6	3.75
3.5	5.8	3.25
3	5	2.75
2.5	4.2	2.25
2	3.4	1.75
1.5	2.6	1.25
1	2.5	$m_0 = m\left(1 - \dfrac{B}{L}\right)$

（2）铣刀的选择。所用直齿圆柱齿轮铣刀的模数,可根据锥齿轮齿面宽度中点模数来选择,但要靠近标准模数,表中铣刀模数为推荐模数。铣刀号数应按下式计算的锥齿轮假想齿数 Z' 来选择,然后查齿轮齿数号数选择表 1-1 和表 1-2。

$$Z' = \frac{mZ}{m_o \cos\delta}$$

式中　m——被加工齿轮模数(mm);

　　　Z——被加工齿轮齿数(mm);

　　　m_o——铣刀模数(mm);

　　　δ——被加工齿轮分锥角(°)。

（3）分度头主轴倾斜角的确定。采用这种方法铣削锥齿的实际根锥角应大于理论根锥角。因此,在确定分度头主轴倾斜角时,先计算锥齿轮的实际根锥角 $\delta_{f实}$,按下式计算:

$$\tan\delta_{f实} = 2.16\frac{m}{L}$$

式中　m——被加工锥齿轮模数(mm);

　　　L——锥齿轮节锥长度(mm)。

实际根锥角确定后,分度头主轴倾斜角 $\alpha = \varphi - \delta_{f实}$。应当说明,按上面计算出 α 角,只供参考。通过试切后,测量锥齿轮大端齿厚,如齿厚大,说明 α 角大了,应适当减小,以得到合理的 α 角,保证大端齿厚符合要求。

（4）锥齿轮大端的附加切深量。由于使用的铣刀模数小于锥齿轮的大端模数,在调整锥齿轮大端的切深时,除理论上的全齿深处,还要附加一个 Δt 的数值,以达到大端规定的齿厚。Δt 值可按下面近似公式计算:

$$\Delta t = 1.4\left(\frac{\pi m}{2} - B\right)$$

式中　m——被加工齿轮的模数(mm);

　　　B——图 1-92 中铣刀 K 点处廓形宽度(mm)。

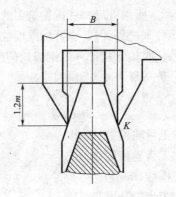

图 1-92 *B* 值的测量

6. 铣削蜗轮

(1)用盘形齿轮铣刀铣蜗轮。采用这种方法来铣蜗轮,其铣削后的精度是很差的。因此只能用于啮合的蜗杆的头数为单头,导程角 $\gamma_1 < 5°$,精度要求很低的蜗轮加工,其铣削步骤如下:

1)铣刀的选择。铣蜗轮用的盘形齿轮铣刀应符合以下三个条件:第一,蜗轮的模数是以端面模数 m_t 计算的。因此铣蜗轮用的盘铣刀,就应该是按端面模数 m_t 来选择。但实际上,当和蜗轮相啮合的蜗杆头数 1~2 时,蜗轮的端面模数和法向模数相差很小,可以用标准的模数盘形齿轮铣刀;第二,蜗轮的齿槽是螺旋形的,其螺旋角 β 等于蜗杆的导程角 γ_1,所以铣刀的号数应根据蜗轮的当量齿数 Z_V 来选择,它的计算公式与铣削斜齿圆柱齿轮相同;第三,盘形铣刀的外径,最好比与蜗轮啮合的蜗杆外径大两倍齿隙。如果没有这样的铣刀,只能用大一点直径的铣刀,绝不能用比蜗杆外径小的铣刀,否则会影它们间啮合。

2)齿坯装夹和找正。齿坯的装夹和找正方法与铣削直齿圆柱齿轮相同。

3)确定铣床工作的转角。因为蜗轮的齿槽与轴线倾斜一个螺旋角 β,所以在铣蜗轮时,为了使铣刀的旋转平面与齿槽方向一致,必须将铣床工作台转动一个 β 角,转动的方向与铣螺旋槽相同。由于蜗轮的螺旋角 β 与蜗杆的导程角 γ_1 相等,因此可通过计算蜗杆的导角 γ_1 来得到蜗轮的螺旋角 β,其计算公式如下:

$$\tan\gamma_1 = \frac{p_z z_1}{\pi d_1} = \frac{m z_1}{d_1}$$

式中　m——蜗杆模数(mm);

　　　p_z——齿距(mm);

　　　z_1——蜗杆头数;

　　　d_1——蜗杆分度圆直径(mm)。

4)铣刀对中心。铣蜗轮时,必须使铣刀对准两个中心,即铣刀齿形的对称中心线必须通过齿坯的中心,另外铣刀的轴线必须通过齿坯厚度的中心线。其方法可采用试切来达到。

5)操作方法。蜗轮的铣削是以径向进给的方式进行铣削的。第一齿铣削时,铣刀先从齿坯两尖角处开始切削,直到铣刀切削到凹弧的中心(即工件圆弧的最低点)时作为起点,将进刀刻度盘对零,然后手动进给至全齿高($h = 2.2\,m$),再把铣刀退出工件分度铣第二齿槽,测量齿厚是否符合要求。如齿厚还大,按铣齿轮计算和调整补充进刀量,达到要求后,再依次铣出各齿。

(2)用蜗轮滚刀和淬硬蜗杆精铣蜗轮。在缺少滚齿机的情况下,也可在万能铣床上,采用蜗轮滚刀或用开槽的淬硬蜗杆精铣蜗轮,其操作步骤如下:

1)用盘齿轮铣刀进行粗铣,并留出精铣余量。

2)在铣床主轴上装好蜗轮滚刀。当缺少蜗轮专用滚刀时,也可用相同模数的齿轮滚刀代替。但这时必须注意,齿轮滚刀的外径必须大于蜗杆外径加两倍齿顶隙。另外,与蜗轮相啮合蜗杆法向模数应等于滚刀的法向模数。

若无专用蜗轮滚刀时,可车一个模数、压力角与蜗轮相啮合的相同的蜗杆,其外径比蜗杆大两倍顶隙,并在轴向平面内铣直容屑槽。为改善切削条件,也可铣成与蜗杆螺旋线相垂直的斜槽,并锉出后角,然后淬火后使用。

3)将分度头上鸡心夹头拆下,以便使蜗轮坯在顶尖上自由转动。

4)工作台的转角。当滚刀导程角 γ_1 和蜗轮的螺旋角 β 相等时,滚刀螺旋线与蜗轮螺线相同时,工作台不需转动任何角度。如不同时,工作台就需转动,转动的角度和方向,如图1-93所示。

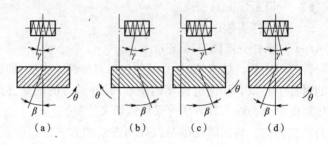

图1-93　精铣蜗轮时工作转动方向

当用右旋滚刀铣削右旋蜗轮时,工作台转角 θ(图1-93(a))。

$$\theta=\beta-\gamma_1$$

当 $\beta<\gamma_1$ 时,工作台逆时针方向转动,反之则顺时针方向转动。

当用右旋滚刀铣削左旋蜗轮时(图1-93(b)),工作台应顺时针转动一个 θ 角。

$$\theta=\beta+\gamma_1$$

当用左旋滚刀铣削左旋蜗轮时(图1-93(c)),工作台应过一个 θ 角。

$$\theta=\beta-\gamma_1$$

当 $\beta>\gamma_1$ 时,工作台应顺时针方向转动,反之则逆时针方向转动。

当用左旋滚刀铣削右旋蜗轮时,工作台应逆时针方向转过一个 θ 角(图1-93(d))。

$$\theta=\beta+\gamma_1$$

5)铣削时,把滚刀对准蜗轮中心,卧铣时慢慢升高工作台,使滚刀和粗铣后的蜗轮啮合,开动机床,使滚刀带动蜗轮旋转,逐渐升高工作台,直到蜗轮齿厚符合图纸要求为止。

7. 滚切齿数大于 100 的质数直齿圆柱齿轮

所谓质数,就是除了 1 和本身的数值以外不能分解因数的数。如 13、17、19、101、103 等都为质数。

根据 Y38 滚齿机分齿交换齿轮的计算公式为 24K/Z 或 48/Z。当滚切质数齿轮时,式中的 Z 就是质数。所以必须选用这个质数齿的交换齿轮才能进行加工。一般滚齿机只备有 100 以下的质数交换齿轮。当滚切 100 以上的质数齿轮时,就选不到所需的分齿轮交换齿轮。这时要选用的交换齿轮,又与这个质数齿 Z 相近似的齿数 Z',来计算交换齿轮速比。所以在滚切这种齿轮时,需用差动齿轮来补偿计算中所取的附加齿数(即 Z' 和 Z 之间差值)。

(1)分齿交换齿轮计算公式

$$\frac{分齿定数 \times K}{Z \pm \rho} = \frac{ac}{bd}$$

式中　K——滚刀头数;

　　　$\pm \rho$——加减任意一个数(即 $Z \pm \rho = Z'$),必须使分子、分母能相互约简,如果取 ρ 大于 1 时,差动交换齿轮速比就大,选用交换齿轮不方便,所以一般取 $\rho = 1/50 \sim 2/5$。

(2)进给交换齿轮计算公式

$$垂直进给定数 \times f_垂 = \frac{a_1 c_1}{b_1 d_1}$$

式中　$f_垂$——垂直进给量(mm/r)。

(3)差动交换齿轮计算公式

$$\pm \frac{差动定数 \times \rho}{f_垂 \times K} = \frac{a_2 c_2}{b_2 d_2}$$

(4)注意的问题。若分齿交换齿轮公式中用"$Z + \rho$",则差动交换齿轮公式用"$-$"号,表示差动补偿运动与工作台转动方向一致;反之,若分齿交换齿轮公式中用"$Z-\rho$",则差动交换齿轮公式前用"+"号,表示差动补偿运动使工作台少转一点,用两对交换齿轮时,加一个中间轮;垂直进给量不能中途任意改变,如需改变,必须重新计算差动交换齿轮速比。

在加工过程中不允许用快速。若要使刀架移动,只能采用手动的方法。第一次走刀完后,进行第二次走刀前,不能使用机动退刀,必须采用手动的方法来摇刀架,否则分齿就乱了。

8. 滚切齿数大于 100 的质数斜齿圆柱齿轮

(1)分齿交换齿轮计算公式

$$\frac{\text{分齿定数} \times K}{Z \pm \rho} = \frac{ac}{bd}$$

式中　　K——滚刀头数;

　　　　$\pm\rho$——加减任意一个数(即 $Z\pm\rho=Z'$),必须使分子、分母能相互约简,如取 ρ 大于 1 时,差动交换齿轮速比就很大,选用交换齿轮不方便,所以一般取 $\rho=1/50\sim3/5$。

(2)进给交换齿计算公式

$$\text{垂直进给定数} \times f_{\text{垂}} = \frac{a_1 c_1}{b_1 d_1}$$

式中　　$f_{\text{垂}}$——垂直进给量(mm/r)。

(3)差动交换齿轮计算公式

$$\frac{\text{差动定数} \times (Z+\rho)\sin\beta}{m_{\text{n}} K Z} \mp \frac{25 \times \rho}{f_{\text{垂}} K} = \frac{a_2 c_2}{b_2 d_2}$$

式中　　m_{n}——齿轮的法向模数(mm);

　　　　β——齿轮螺旋角(°);

　　　　Z——齿轮齿数。

(4)注意的问题。差动交换齿轮计算公式中,当工件与滚刀螺旋方向相同时,第一项前用"−"号。方向相反时,用"+"号。

当分齿交换齿轮公式中用 $Z+\rho$ 时,差动交换齿轮公式中第一项也是 $Z+\rho$,此时第二项前用"−"号;当分齿交换齿轮公式中

用 $Z-\rho$ 时,则差动交换齿轮计算公式中第一项也用 $Z-\rho$,此时第二项前用"+"号。

差动交换齿轮计算公式中,若第一项和第二项符号相同则相加;若符号相反则相减。其结果得"-"号,表示差动补偿运动与工作台转动方向一致,使工作台多转一点,用两对挂轮时,不加介轮;反之,结果得"+"号,表示差动补偿运动与工作台转动方向相反,使工作台少转一点,用两对挂轮时,加一个介轮。

9. Y38、Y3150 滚齿机滚切大于 100 质数齿轮的挂轮计算

这两种滚齿机滚切大于 100 质数齿的分齿和差动挂轮的计算,见表 1-5。

表 1-5   滚切大于 100 质数齿轮挂轮计算表

机床型号	分齿挂轮 $\dfrac{ac}{bd}$			差动挂轮 $\dfrac{a_2 c_2}{b_2 d_2}$	
	直齿圆柱齿轮	斜齿圆柱齿轮	直齿圆柱齿轮	斜齿圆柱齿轮	
Y38	$Z \leqslant 161$ 时:$\dfrac{24 \times K}{Z \pm \rho}$ $Z > 161$ 时:$\dfrac{48 \times K}{Z \pm \rho}$		$\pm \dfrac{25 \times \rho}{f_{垂} \times K}$	$\pm \dfrac{7.957\ 747\ 3(Z \pm \rho)\sin\beta}{m_n \times K \times Z} \mp \dfrac{25 \times \rho}{f_{垂} \times K}$	
Y3150	$\dfrac{48 \times K}{Z \pm \rho}$		$\pm \dfrac{105 \times \rho}{45 f \times K}$	$\pm \dfrac{8.355\ 634\ 6(Z \pm \rho)\sin\beta}{m_n \times K \times Z} \mp \dfrac{105 \times \rho}{45 f \times K}$	

10. 滚切齿轮时出现问题和防止办法

齿轮是一种较为复杂的零件,为了满足使用要求,在齿轮传动公差标准中,规定的齿轮误差项目很多。同时在滚齿实践中,影响齿轮误差的因素也很多。主要是由于机床、刀具、齿坯的制造与装夹、机床的调整和测量等误差所造成。因此反映到被加工齿轮上,

形成了它的运动误差、平稳性误差和齿向误差等。现在将滚齿过程中常出现的问题、原因和防止方法简述如下：

(1)被滚切齿轮齿数不对和乱齿。主要原因是分齿交换齿轮的计算和交换齿轮齿数不对；滚刀的模数与头数不对；加工直齿圆柱齿轮时差动机构离合器未脱开；加工斜齿圆柱齿轮或质数齿齿轮时，差动机构离合器未接通或附加运动转向不对；齿坯未紧固等。防止方法是重新计算、换上正确的交换齿轮和滚刀；仔细检查差动机构是否需要脱开或接通，差动交接齿轮处是否加减中间介轮；找正和紧固齿坯。

(2)齿面表面粗糙度值大。主要原因是切削用量选择不合理造成滚刀磨损大；夹具刚度差造成切削时振动和滚刀径向跳动大；由于切削液润滑效果差而产生积屑瘤；机床传动部位间隙大；齿坯热处理方法不当而造成齿坯材料太硬或太软。防止方法是根据工件和刀具材料合理选择切削用量；选用较锋利的滚刀和校直刀杆；改变夹具结构和增设辅助支承来提高刚度及减小振动；调整机床各部间隙；在切削液中添加含 S、P、Cl 添加剂，提高润滑性能。

(3)齿厚或公法线长度超差。原因主要是计算、测量和补充进刀量不精确或有误。防止方法是仔细计算、测量和调整补充进刀量，并做到勤检测。

(4)齿距累积误差超差。主要表现在齿圈径向圆跳动超差和公法线长度变动量超差。其原因是齿坯偏心或装夹偏心，夹具与分度蜗轮偏心。防止方法是提高齿坯制造精度和使齿坯在夹具中定位正确；用顶尖装夹工件时，顶尖要与工作台轴线同心，找正夹具与工作台同轴。

(5)基圆齿距超差。主要原因是滚刀轴向齿距误差大，刀架扳转角度不正确所致。防止方法是提高滚刀铲磨质量，调整刀架角度时要仔细。

(6)齿向误差超差。主要原因是机床几何精度低或磨损；夹具制造、安装与调整精度低和夹具定位端面圆跳动大；压紧螺母端面与螺纹轴线不垂直；滚切斜齿圆柱齿轮时，差动交换齿轮计算误差大或走刀丝杠间隙大等。防止方法是检修机床恢复机床精度；提高夹具制造精度；重算与精确计算交换齿轮；调整走刀丝杠间隙；修整螺母端面与螺纹轴线垂直。

11. 插削直齿圆柱外齿轮

用插齿机插削前，应仔细了解被插削齿轮的模数、齿数、压力角、齿宽、技术要求和工件的材料等，然后按下列步骤进行。

（1）工件的安装。插齿夹具的结构和技术要求与滚齿基本相同。安装心轴时，必须用百分表检测心轴外圆和端面与工作台的圆跳动小于 0.01 mm。心轴安装好后，把工件装夹在心轴上。但必须注意，因插齿是断续切削，冲击力较大，要求夹具的刚度要好，支撑齿坯的端面垫直径尽可能接近齿坯的齿根圆。

（2）插齿刀的调整

1）插齿刀的安装。插齿刀可分为锥柄插齿刀、盘形插齿刀和碗形插齿刀三种结构形式。用锥柄、安装孔和支承面为基准安装在插齿机主轴上，然后用螺母和垫圈紧固或用拉杆拉紧，如图1-94所示。

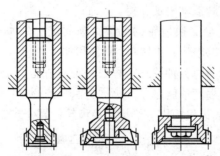

图1-94　插齿刀的安装

2）选择插齿刀的往复行程数。插齿刀插齿时每分钟往复行程数 n_0，是根据插齿刀的行程长度 L、插削速度 v_c 和工件材料来选定的，故插齿刀往复行程数 n_0 用下式计算：

$$n_o = \frac{v_c 1\,000}{2L}$$

式中 v_c ——插削的平均速度(m/min);

L ——插刀行程长度(mm);

n_o ——插刀每分钟往复行程数(次/min)。

3)插齿刀行程长度的调整。插齿刀行程长度 L 由齿坯宽度 b 和插齿刀越程长度 ΔL 之和确定,如图 1-95 所示,用下式计算:

$$L = b + 2\Delta L$$

行程长度的调整,一般用改变连接扇形齿轮(或齿条)的连杆在偏心轮上的位置来实现,调整后紧固。

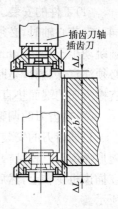

图 1-95 插齿刀行程
长度的确定

(3)交换齿轮和插齿深度的调整

1)切削速度的调整。插齿时,平均切削速度(m/min)的选择,是以工件材料的性能为依据的。工件材料硬度和强度高及热导率低,v_c 应相对低一些,反之则高一些。一般中等模数的齿轮,$v_c = 10 \sim 40$ m/min,可按机床变速标牌扳动手柄获得。

2)圆周进给交换齿轮的调整。圆周进给量的选择、决定于工件材料、模数和加工精度。当插齿刀每分钟往复行程数一定的情况下,圆周进给越小,工件齿面的粗糙度值就越小。圆周进给量的调整靠调整交换齿轮来实现,Y54 插齿机圆周进给量交换齿轮计算公式如下:

$$i_{圆周} = \frac{a_2}{b_2} = 366\frac{S_{圆周}}{d}$$

插齿刀公称分度圆直径 $d = 100$ mm,上式可简化为:

$$i_{圆周} = \frac{a_2}{b_2} = 3.66 S_{圆周}$$

圆周交换齿轮的轴距是固定的,其 a_2 和 b_2 的齿数之和为 89,$m = 2.5$ mm,故圆周进给量 $S_{圆周}$ 可根据表 1-6 选用。

表 1-6　圆周进给量(插齿刀分度圆直径 100 mm 时)

交换齿轮 $m=2.5$ mm,$Z=34、39、42、47、50、55$

圆周给进量 $S_{圆周}$(mm)	0.44	0.35	0.3	0.24	0.21	0.17
齿轮 a_2 的齿数	55	50	47	42	39	34
齿轮 b_2 的齿数	34	39	42	47	50	55
插齿刀每转一周的行程数	711	897	1 028	1 287	1 475	1 860

3)径向进给交换齿轮的调整。径向进给量是通过凸轮得到的。根据被插齿轮材料的硬度、模数和要求精度,来选择径向进给量,Y54 插齿机径向进给交换齿轮传动比计算公式如下:径向进给时 $S_{径}$ 根据表 1-7 选用。

$$i=\frac{a_1}{b_1}=\frac{S_{径}}{0.048}$$

表 1-7　Y54 插齿机径向进给量

插齿刀每行程的平均径向进给量(mm)	0.024	0.048	0.095
齿轮 a_1 的齿数	25	40	50
齿轮 b_1 的齿数	50	40	25

进给次数可为一次、二次和三次,如用一次进给凸轮时,当凸轮旋转 $90°$,工件应旋转一周;如图 1-96 用二次进给凸轮时,凸转旋转 $180°$,工件同时转两转;用三次进给凸轮时,凸轮旋转 $270°$,工件同时转三转。

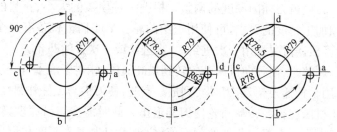

图 1-96　插齿机径向进给凸轮

4) 分齿交换齿轮架的调整。使用分齿交换齿轮架的目的,就是使插齿刀和工件回转数与它们的齿数保持正确、协调的关系。即插齿刀每转动一转,工件应转动一齿。分齿交换齿轮的传动比为:

$$i=\frac{ac}{bd}=\frac{2.4Z_0}{Z}$$

式中　Z——工件齿数;

　　　Z_0——插齿刀的齿数;

　　　a、c——主动交换齿轮;

　　　b、d——被动交换齿轮。

为了便于选配交换齿轮,齿轮 C 的齿数可选择为插齿刀齿数的简单倍数,如 1:1 或 1:2。根据工件模数、插齿刀的齿数可按表 1-8 中查出。

表 1-8　插齿刀的齿数与:$Z_0=100/m$

插齿刀的模数 m(mm)	1	1.25	1.5	1.75	2	2.25	2.5	2.75	3
插齿刀的齿数 Z_0	100	80	68	58	50	45	40	36	34
插齿刀分度圆直径(mm)	≈ 100								
插齿刀的模数 m(mm)	3.25	3.5	3.75	4	4.25	4.5	5	5.5	6
插齿刀的齿数 Z_0	31	28	27	25	24	22	20	19	17
插齿刀分度圆直径(mm)	≈ 100								

5) 插齿刀插削深度的调整。根据工件模数的大小、材料的硬度和加工精度的要求,可使用进给凸轮。Y54 插齿机备有三个凸轮,可根据情况选用一次进给、二次进给或三次进给凸轮。

调整时,使径向进给凸轮转到最高弧段(相对于滚子),开动机床,用手把摇刀架,待刀具转到最高点时,使刀尖与工件外圆接触,停止机床运行。转动凸轮使刀架退出。此时需按切齿深度,转动刀架方头。看刀架此处的刻度值,应考虑刀尖划入深度和齿坯外径和公差及刀具修整尺寸。调整好后,即可开动机床,一般插切第一个齿时,留一定余量 Δh,以便检测再调整达到合格。

在单件生产或齿轮加工有特殊要求时，一般不采用自动径向进给凸轮，把这一运动传动链脱开，使凸轮不转动，径向切入运动在开车后由手动进给，达到一定深度后，停止进给，并紧固刀架，在工作台上作好记号，以便记工作台转数，保证在齿坯上的整个圆周上完整地切出齿形来。第二次插齿刀径向进刀量 ΔS（即插削深度）的计算公式与滚齿相同，见本节第 1 题。

12. 插削内齿轮

内齿轮的插削原理同内齿轮的啮合原理，只是用插齿刀代替了小齿轮。插削内齿轮时，机床调整及齿坯安装基本上与插直齿外啮合圆柱齿轮一样，其不同之处与注意事项如下：

（1）用插齿刀插内齿轮时，应避免两种情况的发生：即由于插齿刀根部非渐开线部分参加啮合，产生齿轮顶切的"干涉"现象；由于插齿刀径向进给，产生齿轮顶部的"顶切现象"。为了避免插齿刀切削内齿轮时产生干涉，应满足下列条件：

当 $\alpha=20°$、$h_a^*=1$ 时；
$$Z_2-Z_o \geqslant 16 \ \text{和} \ Z_2-Z_1 \geqslant 8$$

式中　h_a^*——原始齿廓齿顶系数；

　　　Z_1——小齿轮齿数；

　　　Z_2——内齿轮（大齿轮）齿数；

　　　Z_o——插齿刀齿数。

（2）插内齿轮时，插齿刀的旋轮方向同内齿轮的旋向相同。所以，加工时应改变插齿机工作台的旋转方向。为此，在分齿交换齿轮中间应增加一个中间轮来实现。

（3）在通常情况下，插齿刀的主轴应在工作台轴线的右面，如图 1-97 所示，此时不改变让刀方向，同加工外齿轮一样。当加工大直径内齿轮时，由于

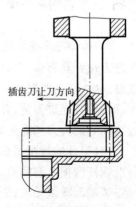

插齿刀让刀方向

图 1-97　插内齿轮时
插刀的位置

机床结构限制,插齿刀主轴不能移至右面,而只能在左面插削时,这就要改变让刀方向,否则将影响正常插削。

(4)内啮合齿轮比外啮合齿轮的啮合系数大,即同时啮合的齿数多。因此,插内齿轮时,插齿刀同时参加切削的齿数多。所以,在选择切削用量时,应比插外齿轮小 20%～40%。

(5)夹具设计时,除保证内齿轮的精度外,还应保证插齿刀往复行程时有足够宽度的越程槽和排屑空间及排屑通道。

13. 插齿时产生问题、原因和防止方法

(1)被插齿轮齿数不对或乱齿。主要原因是分齿交换齿轮计算有误和交换齿轮的齿数不对;齿坯或插齿刀没有紧固;插齿刀的模数和齿数不对。防止方法是正确计算和复核交换齿轮;紧固插齿刀和齿坯和换上正确的插齿刀。

(2)齿面表面粗糙度值大。主要原因是机床传动链精度不高和分度蜗杆轴向窜动;机床导轨面接触不好而引起振动;让刀机构工作不正常,使刀具回程时拉伤工件表面;插齿刀太钝等。防止方法是找出机床部位进行修理;刃磨或更换锋利的插齿刀;调整让刀机构和选用合理的切削用量;合理安装工件和提高工件的刚度,以消振动;在切削液中增添极压(S、P、Cl)添加剂,防止积屑瘤的产生。

(3)齿厚 ΔS 或公法线长度 ΔW 超差。主要原因是测量和补充进刀量计算有误;刀具太钝产生让刀;机床调整不正确和进给丝杠磨损大;切削时振动和夹具偏心。防止方法是随时检测尺寸和正确调整补充进刀量,并用百分表找正工件和控制进给深度;选用较锋利的插齿刀和提夹具的刚度。

(4)工件的齿距累积误差超差。主要原因是工作台或刀架体分度蜗杆磨损大有间隙,工作台有较大的径向圆跳动;插齿刀与主轴安装端面圆跳动大;进刀凸轮的轮廓不精确;工件安装不符合要求和心轴精度差。防止方法是调整和修理蜗杆副;仔细刮研工作台与床身导轨和主轴圆锥接触面;正确安装和调整插齿的位置;修

磨凸轮轮廓;正确安装工件和保证工件定心精度。

(5)齿形误差超差。主要原因是分度蜗杆轴向窜动过大;工作台有较大的径向圆跳动;插齿刃磨不良;插齿刀切削刃有径向和端面圆跳动;工件装夹不符合要求。防止方法是检查和调整分度蜗杆轴向窜动或更换传动链中磨损的零件;仔细刮研主轴与工作台的锥度;重新刃磨插齿刀和正确安装工件。

(6)齿向误差超差。主要原因是插齿刀主轴中心线与工作台中心线的位置不正确;插齿刀安装后有径向和端面圆跳动、工件安装不符合要求。防止方法是重新安装插齿刀;修磨插齿刀垫圈达到平行度要求和正确安装工件。

14. 在卧铣上铣削直齿齿条

铣削直齿齿条的方法,一般根据齿条的长度来选择,其铣削步骤与方法基本相同。

(1)铣削短齿条

1)工件的装夹与找正。铣短齿条时,可将工件装夹在平口钳上,工件基准面与工作台平行,平口钳固定钳口与刀轴线平行。

2)选择和装夹铣刀。由于齿条相当于齿数无限多的齿轮,因此铣削时应选用 8 号铣刀。刀具安装在刀杆上后,应沿齿条全长将横向工作台试移动一次,以保证能一次安装铣完全部齿后,把铣刀紧固。

3)铣齿条的移距方法。

①刻度盘移距法。铣齿条时,铣完一齿后,横向工作台移动一个齿距,工作台刻度盘转过的格数 n 用下式计算:

$$n = \frac{\pi m}{t}$$

式中　m ——工件模数(mm);

　　　t ——刻度盘每一格工作台移动的距离(mm)。

②分度移距法。利用分度盘移距的方法,是把分度头上的分度盘及手柄卸下,改装在横向工作台进给丝杠上,如图 1-98 所示。

每铣完一个齿后,要使工作台移动一个齿距时,手柄转数 n 应相等,齿距除以丝杠的螺距,即 $n = \pi m / P_{丝}$。

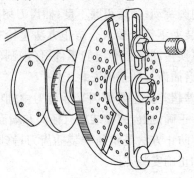

图 1-98　利用分度盘铣短齿条的移距

利用分度盘移距法铣削齿条时,当 $P_{丝} = 6$ mm,分度手柄转数 n 可从表 1-9 中查出。

表 1-9　用分度盘移距时分度手柄转数($P_{丝} = 6$ mm)

工件模数 m(mm)	1	1.5	2	2.5	3	3.5	4	4.5	5
齿　　距(mm)	3.14	4.71	6.28	7.85	9.42	10.99	12.56	14.13	15.70
分度手柄转数	$\frac{22}{42}$	$\frac{22}{28}$	$1\frac{2}{43}$	$1\frac{12}{39}$	$1\frac{28}{49}$	$1\frac{49}{59}$	$2\frac{4}{42}$	$2\frac{21}{59}$	$2\frac{29}{47}$

(2)铣削长齿条。因为纵向工作台移动的距离比横向工作台移动的距离长很多,所以铣削长齿条时,齿条就平行于纵向工作台移动方向安装。但是必须把铣刀通过附加支架使切削方向转过90°,如图 1-99 所示。

铣削长齿条的移距方法,除上面介绍的刻度盘移距法和分度盘移距法外,还有下面几种移距法:

1)分度头主轴交换齿轮移距法。这种方法利用分度头减速原理,使分度头主轴通过交换齿轮 Z_1、Z_2、Z_3 和 Z_4 把运动传给纵向工作台丝杠,而带动工作台移动一个齿距。这样分度头主轴与工作台丝杠之间有较大的减速比,所以适用于铣削精度较高的齿条。

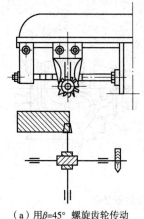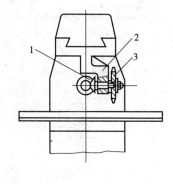

（a）用β=45°螺旋齿轮传动　　　　　（b）用锥齿轮传动

图 1-99　横向刀架

1—锥齿轮副；2—支架；3—铣刀

交换齿轮和分度手柄转数 n 用下式计算：

$$\frac{Z_1 Z_3}{Z_2 Z_4} = \frac{40\pi m}{P_{丝} n}$$

式中　　m ——工件模数（mm）；

　　　　$P_{丝}$ ——工作台丝杠螺距（mm）；

　　　　n ——分度手柄转数；

　　Z_1、Z_3 ——主动交换齿轮；

　　Z_2、Z_4 ——从动交换齿轮。

　　上式计算出的交换齿轮，主动齿轮安装在分度头主轴锥孔上，从动齿轮安装在纵向工作台丝杠上，如图 1-100 所示。

　　2)侧轴定轮移距法。这种移距方法，是把分度头侧轴和工作台之间通过固定齿数的交换齿轮连接起来进行移距的。根据分度头的结构和传动系统可知，移距时要使分度头侧轴转动，必须松开分度盘的紧固螺钉，使分度手柄连同分度盘一起转动。为了正确控制分度手柄转数，可在分度盘外圆上钻 4 个等分孔，将分度盘固定螺钉改装为定位销，如图 1-101 所示。当分度手柄转动几转时，

工作台就移动一个齿条齿距,其关系式为:

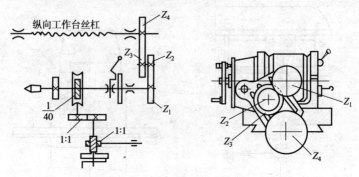

图 1-100　主轴交换齿轮安装图

$$\frac{Z_1 Z_3}{Z_2 Z_4} = \frac{\pi m}{P_{丝}\, n}$$

式中　m ——齿条模数(mm);

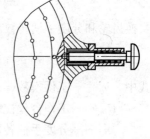

　　　n ——分度手柄转数;

　　　$P_{丝}$ ——工作台丝杠螺距(mm);

　Z_1、Z_3 ——主动齿轮;

　Z_2、Z_4 ——从动齿轮。

　　设 $n=m$,即分度手柄转数等于齿条模数,上式为:

$$\frac{Z_1 Z_3}{Z_2 Z_4} = \frac{\pi}{P_{丝}}$$

图 1-101　分度盘侧面装定位销

　　将上式 π 化成 22/7,工作台丝杠螺距 $P_{丝} = 6$ mm 时,交换齿轮的齿数为:

$$\frac{Z_1 Z_3}{Z_2 Z_4} = \frac{\pi}{P_{丝}} = \frac{\frac{22}{7}}{6} = \frac{22}{7} \times \frac{1}{6} = \frac{22}{42}$$

　　即 $Z_1 = 22$ 齿,安装在分度头侧轴上,$Z_4 = 42$ 齿,安装在纵向工作台丝杠上,中间可配任意齿数的中间齿轮,同时也可采用复式轮系,交换系齿轮安装方法,如图 1-102 所示。

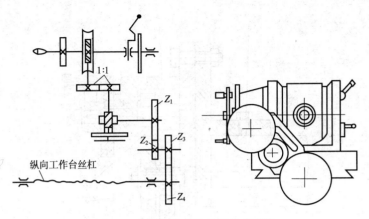

图 1-102　侧轴交换齿轮的传动系统

采用这种方法移距,当纵向工作台丝杠螺距 $P_{44}=6$ mm 时,铣任何模数的齿条,都不必更换齿轮的齿数,只要根据齿条几个模数,分度盘转几转即可,十分精确。如 $m3$、$m1.25$、$m1.75$,分度盘分别转 3 转、$1\frac{1}{4}$ 转和 $1\frac{3}{4}$ 转。

3)齿条移距交换齿轮架。采用上述两种方法移距,操作相对麻烦一些。而且在工作台上安装分度头,限制了齿条的长度。所以,可制作一套专用的齿条移距专用的交换齿轮架,如图 1-103 所示,不仅操作简便,移距精度也高。

移距交换齿轮架安装在纵向工作台右端,并用螺钉固定在工作台上,齿轮 Z_1 装在轴 I,齿轮 Z_2、Z_3 装在轴 II 上,齿轮 Z_4 装在纵向传动丝杠上,分度板固定在交换齿轮架支承上。当拔出定位销,转播手柄,就带动纵向丝杠转动,使工作台移动一定的齿距。由于 Z_1、Z_2、Z_3 和 Z_4 的齿数分别为 29、60、52 和 49,纵向丝杠螺距 $P_{44}=6$ mm,当手柄转动一转时,工作台移动的距离为:

$$P=\frac{Z_1 Z_3}{Z_2 Z_4}P_{44}=\frac{29\times52}{60\times49}\times6=3.14\ 167=\pi$$

齿条的齿距 $P=\pi m$,因此,手柄转一转时,工作台移动的距离等于模数 $m=1$ mm 齿距。依此类推,每次移距只要手柄转数等

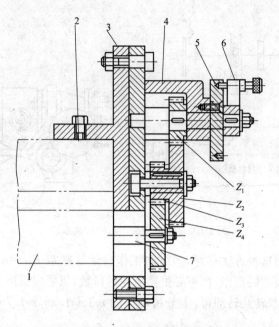

图 1-103　齿条移距交换齿轮架

1—工作台;2—紧固螺钉;3—交换齿轮架;4—轮架支承;
5—分度板;6—分度手柄;7—纵向传动丝杠

于齿条的模数就可以了。

15. 在立铣上铣削直齿齿条

在立式铣床上铣削直齿齿条的方法与在卧式铣床上的铣削方法相同。

(1)用盘形齿轮铣刀铣削直齿齿条。铣削时,需要加装如图 1-104 所示的横向刀架。它是通过一对锥齿轮来改变刀杆轴的工作位置,使铣刀的旋转平面与齿条齿槽方向一致。

安装这种刀架,先将主动锥齿轮的锥柄插入铣床主轴锥孔内,并用拉杆拉紧,然后再套上横向刀架,使刀杆轴平行于纵向工作台运动方向,并用锁紧刀柄紧固,装上铣刀后即可铣削。工件的安装与移距方法与卧铣相同。

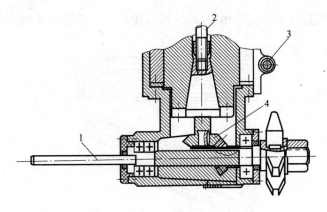

图 1-104　立式立铣床上的横向刀架

1—找正部分;2—拉杆;3—锁紧手柄;4—锥齿轮副

（2）用指形铣刀铣削直齿齿条。用这种方法常用铣削较大模数齿条时,不仅行程短、效率高、振动也小,如图 1-105 所示。由于齿条的齿形是一直线,因此指形铣刀制造方便,也可用短钻头改磨。它适合于模数 $m>3$ mm 的齿条铣削。

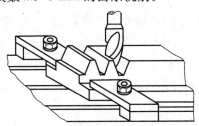

图 1-105　用指形铣刀铣削齿条

16. 铣削斜齿齿条

斜齿齿条的铣削方法有两种,一种是工件转角法,另一种是工作台转角法。

（1）工件转角法。如图 1-106（a）所示,工件装夹时,其工件端面和移距工作台的移动方向成 β 角,这样每铣一齿后,工作台的移距和铣直齿齿条完全相同,即每齿移距应等于斜齿齿条的法向齿距 P_n。

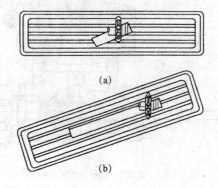

(a)

(b)

图 1-106　铣斜齿齿条的装夹方法

　　此方法仅适用铣削斜度 β 较小和长度较短的齿条。否则受横向工作台行程的限制,而不能一次将齿条全部齿槽铣完。

　　(2)工作台转角法。此方法适用于在万能铣床上铣削长度较长的斜齿条,如图 1-106(b)所示。工件装夹时,工件的端面和纵向工作台移动方向平行,再将工作台转动一个 β 角,使齿条的齿槽和铣刀的旋转平面平行,再将工作台转动 β 角。采用这种方法铣斜齿条时,应注意每铣完一齿后,纵向工作台的移距应等于斜齿条的端面齿距 P_t,其计算公式为:

$$P_t = \frac{\pi m_n}{\cos\beta}$$

式中　m_n——齿条的法向模数(mm);

　　　　β　——工作台的转角(°);

　　　　P_t——齿条的端面齿距(mm)。

　　但 P_t 随模数 m 及斜角 β 而变化,因此采用转动工作台铣斜齿条移距时,可采用分度板法和侧轴定轮法。当工件要求高和数量多时,可采用分度块移距法(图 1-107)。分度块的宽度为 P_t。

　　采用侧轴定轮法移距时,分度手柄转数 n 用下式计算:

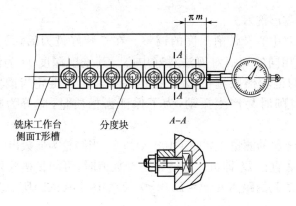

图 1-107 分度块移距法

$$n = \frac{P_t}{P_{\underline{44}}} = \frac{\dfrac{\pi m_{\mathrm{n}}}{\cos\beta}}{P_{\underline{44}}}$$

式中　n——分度手柄转过的转数；

　　P_t——齿条的端齿距(mm)；

　　$P_{\underline{44}}$——工作台丝杠螺距(mm)；

　　m_{n}——齿条的法向模数(mm)；

　　β——工作台转角(°)。

计算出 n 的小数部分可查上海科学技术出版社出版的《金属切削手册》中角度分度表内小数折合的分度板孔数和转过的孔距数。

17. 在铣床上铣链轮

链轮一般在滚齿机上采用专用的链轮滚刀滚切出来,采用这种方法,不仅效率高质量也好。当缺少这种刀具和机床时,也可在卧铣上用盘形成形铣刀或在立铣上用立铣刀加工出来。

(1)在卧铣上铣链轮。在卧铣上铣链轮,与铣削直齿圆柱齿轮的加工方法和步骤基本相同,主要有如下区别:

1)选择铣刀。链轮铣刀的曲线形状与链轮槽形形状相同,刀齿圆弧半径应等于链轮齿槽圆弧半径。当齿距较小时,可以作成成形圆盘形铣刀。

2)对中心及铣削深度的调整。在安装好铣刀后,采用如同铣齿轮相同的切痕对刀法对好中心。其铣削深度 H 为链轮外径 D_0 与链轮槽底直径 D_i 之差的一半。由于链轮齿圈宽度较窄,在铣削时易产生振动,为了保证齿槽质量,应分为粗铣和精铣。

3)链轮的测量。如图 1-108(a)所示,当链轮为偶数齿时,只需测量槽底直径 D_i 即可。当链轮为奇数齿时,可测量槽底外径 D_i 至内孔 d 间的距离 $A(A=D_i/2-d/2)$ 如图 1-108(b)所示。

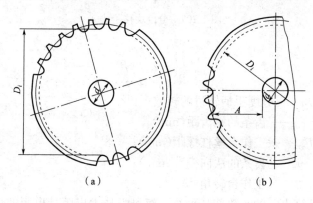

（a）　　　　　　　　　　　（b）

图 1-108　测量链轮

(2)在立铣上铣链轮。在立铣上,可采用立铣刀铣削链轮。立铣刀的直径按链轮的齿槽圆弧半径 r 的两倍选取。把轮坯装夹在回转工作台上,并找正轮坯中心与回转工作台旋转中心同轴,然后将铣刀对正工件中心,再将工件转过一个 $\varphi/2$ 角(图 1-109(a)),使齿一侧与工作台进给方向平行,横向移动工作台距离 E,进行铣削,保证尺寸 L,这样依次分度铣出同侧全部齿面。工作台横向移动距离 E,用下式计算:

$$E=\frac{D}{2}\sin\frac{\varphi}{2}$$

工作台纵向距离 L,用下式计算:

$$L = \frac{D}{2}\cos\frac{\varphi}{2}$$

式中　D ——链轮分度圆直径(mm);

　　　φ ——链轮齿形角(°)。

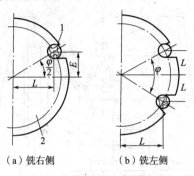

（a）铣右侧　　　　　（b）铣左侧

图 1-109　在立铣上铣链轮

铣完一侧后,将回转工作台反向转一个角度 φ,使齿槽的另一侧与工作台进给方向平行,再反向移动横向工作台的距离为 $2E$,然后进行铣削,同样保证尺寸 L(图 1-109(b)),这样依次分度铣出齿槽的另一侧,链轮就铣完了。

18. 简易滚齿定位锥套

在单件滚齿加工中,不能采用专用定心夹具,齿坯定位靠人工找正,既麻烦效率也低。可采用如图 1-110 所示的定位圆锥套,能使齿坯定位,大大缩短找正的时间,提高工作效率。

使用时,先在心轴上装上齿坯,再将定位锥套放入齿坯和心轴之间,使齿坯在心轴上就基本定好位,然后取

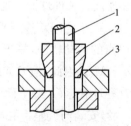

图 1-110　定位锥套
1—心轴;2—定位锥套;3—齿坯

下定位锥套,再在心轴上套上垫圈和螺母,稍为拧紧螺母,用百分表找正齿坯外圆,拧紧螺母,即可进行滚齿。

19. 滚切球形齿轮

利用普通滚齿机,安装如图 1-111 所示的工装,就可以滚切球形齿轮。

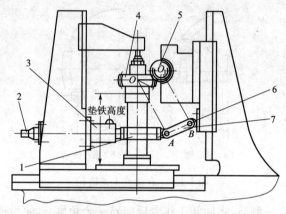

图 1-111 滚切球形齿轮装置
1—连接环;2—进刀机构;3—锁紧滑动套筒;4—工件;
5—滚刀;6—支承座;7—摇杆

(1)工作原理。滚刀架垂直运动和工作台水平运动,通过定距摇杆连接。工件球面中心 O、滚刀中心 O_1 和摇杆两孔中心 A 和 B,构成一个空间双连杆平行四边形。滚刀中心 O_1 相对于球面中心 O 点的运动轨迹,等于摇杆 AB 绕 A 点作圆弧运动的轨迹,即 $OO_1=AB$。因此,滚刀架的垂直运动带动工作台的水平运动,合成为滚刀中心 O_1 绕工件(球形齿轮)中心 O 点的圆弧运动。

(2)安装与调整。先卸掉滚齿工作台下面的水平进刀丝杠,装上滚切球形齿轮的装置。调整工件高度,先使摇杆处于水平位置,使滚刀中心高度对准工件球心高度,这时工件下端面距工作台的高度即是工件垫铁高度。

滚切时,第一个工件的切削深度,采用试切法,以获得进刀终点位置,然后记下刻度值。以后的工件加工,可视齿轮的模数大小,分一次走刀或几次走刀。但每次调整好切削深度后,必须将滑动套筒锁紧,才开始走刀。

此装置在加工不同半径的球形齿轮时,只需更换相应孔距的摇杆即可。

20. 提高齿轮滚刀耐用度的方法

齿轮滚刀是刀具中价格高的一种,少则几百元,多则上万元。如果提高了刀具耐用度,就可使每个齿轮的滚刀费用成一至几倍的降低。提高齿轮滚刀耐用度的方法有:进行滚刀表面多元(S、O、N、B、C)共渗、采用 PVD 工艺涂氮化钛和采用高性能高速钢(M2A1)代替普通高速钢,可使刀具耐用度提高 3～4 倍。下面介绍一种窜刀的方法,如图 1-112 所示。

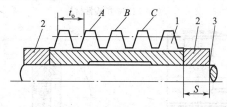

图 1-112　滚刀窜刀示意图
1—单头齿轮滚刀;2—窜刀垫;3—刀杆

按常规滚齿时,滚刀的 B 齿担负着主要切削作用,待滚切一定齿轮数量快要达到刀具磨损限度后,用厚度 $S=t_0$ 的刀垫,使滚刀向左或右移动一个 S 的距离,使 A 齿或 C 齿担任主要切削。这样在滚刀不重新刃磨的情况下,能多滚切齿轮,从而提高滚刀耐用度。

第七节　铣削孔和螺旋槽及凸轮

1. 铰削精度高的孔

在铣床上铰孔时,若铰刀璧研不好,铰出的孔壁产生微观多棱状;若铰刀中心与孔中心不同轴,会产生喇叭形状使圆柱度超差;若铰削塑性材料时,切削速度选择不合理和切削液润滑性能不好,会产生积屑瘤,造成孔壁表面粗糙度值大。为了解决这些问题,可采用如图 1-113 所示的双刃浮动镗刀进行孔的铰削。用这种刀具铰出的孔,其圆度和圆柱度可小于 0.005 mm,表面粗糙度值小于 Ra 1.6 μm。

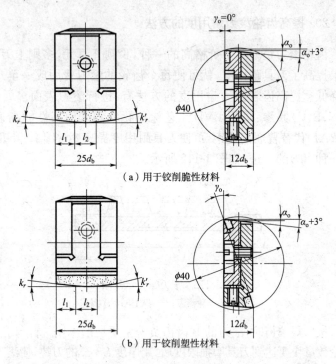

（a）用于铰削脆性材料

（b）用于铰削塑性材料

图 1-113　双刃浮动镗刀

这种刀具加工孔的范围为 ϕ25 mm 以上。使用前,先把孔粗扩成直径小于要求孔径 0.05～0.2 mm,然后把图 1-114 所示的刀杆安装在铣床主轴上,把浮动镗刀调好要求的尺寸放入刀杆方孔中,能在方孔中滑动,在切削力的作用下自动定心,工件孔径和几何精度不受机床精度的影响,也不会产生让刀现象。

加工钢时,$v_c = 5～8$ m/min,$a_p = 0.04～0.1$ mm,$f = 0.4～0.8$ mm/r,采用润滑性能好的切削液;加工铸铁等脆性材料时,

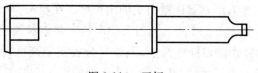

图 1-114　刀杆

$v_c = 7 \sim 10 \text{ m/min}, a_p = 0.06 \sim 0.1 \text{ mm}, f = 1 \sim 1.5 \text{ mm/r}$，用煤油作切削液。

2. 铣孔时准确调整刀头的方法

在铣床上铣镗孔时，最困难的是调整刀头的伸出长度，保证孔径的尺寸精度，方法如下：

(1)用百分表控制刀头伸出长度。在铣床上镗孔时，也可分为粗镗、半精镗和精镗等工步，以达到孔的加工精度和表面质量。在每次调整刀头伸出长度时，可借助百分表控制刀头伸出的具体长度，方法如图 1-115 所示。操作时，把百分表座吸附工作台或工件上，测头与刀尖接触，反转铣床主轴，找出刀尖最高点，并转表盘对零，然后稍为松开刀头的压刀螺钉，以百分表示值为基础，调整刀头伸出量为孔径余量的 1/2 即可，最后紧固刀头和再转铣床主轴复核无误就可以了。

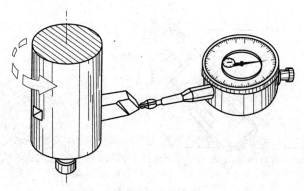

图 1-115　用百分表控制刀头伸出长度

(2)用镗刀调整器调整刀头伸出长度。在粗镗、半精镗和精镗孔时,可用如图 1-116 所示的刀头伸出长度调整器调整。调整时,把 V 形槽骑放在刀杆外圆上,调整百分表支架高低,使表头与刀尖接触,记下表的示值,然后使刀头向外伸出 1/2 加工余量即可。

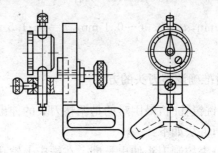

图 1-116　镗刀调整器

(3)用微调装置调整刀头伸出长度。如图 1-117 所示。它是通过游标刻度和精密螺纹的微调镗刀构成。在调整镗刀的旋转半径大小时,只松开内六角紧固螺钉,转动调整螺母,就可使刀头伸出或后退,调整量根据需要来确定,然后拧紧内六角紧固螺钉即可进行镗孔。

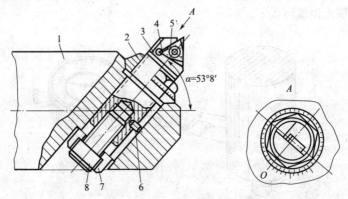

图 1-117　微调镗刀

1—镗杆;2—调整螺母;3—刀头;4—刀片;5—刀片紧固螺钉;

6—止动销;7—垫圈;8—六内角紧固螺钉

3. 在立铣上镗多孔

在立铣上镗削如图 1-118 所示的工件上六个在圆周均布的孔。首先要掌握各孔相对的坐标位置,然后依次进行镗削,其镗削方法有以下两种:

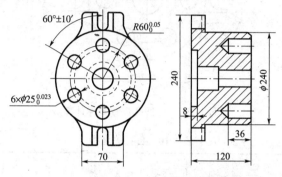

图 1-118　多孔底座

(1)极坐标法。以工件底面为定位基准,安装在回转工作台上,并找铣床主轴、工件内孔和回转工作台旋转中心同轴,然后把纵向工作台精确地移动 60 mm,这样就确定第一个孔的位置进行镗削至要求。以后只需将回转工作台做五次 60°的分度,就镗完六个孔。此方法适用于镗削已给出了各孔位置的半径与角度的工件,十分方便。此时孔的位置精度取决于移距和转角精度。

(2)直角坐标法。仍是以工件底面为定位基准,把工件装夹在铣床工作台上,并找正工件内孔中心与铣床主轴中心同轴,作为镗孔时坐标的原点。以后只要将纵、横向工作台分别移动一个所镗孔的坐标尺寸相应的距离,即可对孔进行镗削。本例工件各孔的坐标位置计算如图 1-119 所示,各孔的坐标见表 1-10。

$$Y = R^2 - X^2$$

式中　Y——横向坐标(mm);

　　　X——纵向坐标(mm);

　　　R——工件孔中心距半径(mm)。

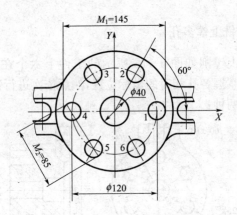

图 1-119 工件孔位置坐标计算

表 1-10 各孔的坐标

孔号 坐标	1	2	3	4	5	6
X(mm)	60	30	−30	−60	−30	30
Y(mm)	0	51.96	51.96	0	−51.96	−51.96

在移动工作台时,Y 为正值表示横向工作台向外移动,反之,向里移动。而 X 为正值表示纵向工作台向左移动,反之,向右移动。

4. 铣削与基面平行的多孔

此工件的技术要求,如图 1-120 所示,加工步骤如下:

(1)检查和调整铣床。用百分表检测铣床主轴轴线与铣床工作台面的垂直度,否则如不垂直,镗出的孔呈椭圆。

(2)划线。在工件表面上划出孔的位置线,供镗孔时移动工作台时参考。

(3)装夹工件。在铣床工作台上放两个等高垫铁,把工件放在上面并错开孔的位置。然后用百分表找正工件长边侧面与工作台纵向移动方向平行,用压板将工件压紧。

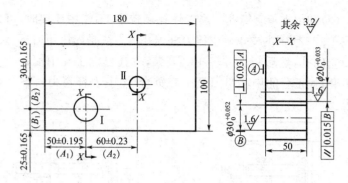

图 1-120　多孔工件

（4）找正。按孔Ⅰ的位置线找正（移动工件台）铣床主轴轴线与孔的轴线重合。

（5）加工孔Ⅰ。先用中心钻钻一个定位孔，再用 ϕ28 mm 钻头钻孔，然后用镗刀小切深粗镗一刀，测量实际孔径，并计算孔的位置精度。如未达到要求，再根据误差值微调工作台来达到后，进行粗镗和精镗（或铰削），使孔至要求。

（6）工作移位。按图 1-120 所示标出的增量坐标尺寸，移动纵向 [（60±0.23）mm] 和横向 [（30±0.165）mm] 工作台。

（7）加工孔Ⅱ。同样先用中心钻钻定位孔，再用 ϕ18 mm 钻头钻孔，也先粗镗一刀，测孔Ⅱ的实际尺寸，计算孔的位置精度，如合格，可继续粗镗、精镗（或铰削）至要求。若测量位置精度不合格，再微调工作台的位置后，继续加工至要求。

5. 在卧铣上镗孔的方法

在卧铣上镗孔时，把镗刀杆安装在铣床主轴锥孔内，工件安装在工作台或夹具上，利用横向进给进行镗孔，有以下几种方法：

（1）利用托架镗孔。当工件孔径较大，为了防止刀杆工作时振动，可在刀杆前端装上刀杆托架支撑刀杆，提高刀杆的刚度，如图 1-121 所示。工件装夹在铣床工作台上，并找正工件孔轴线与刀杆旋转轴线同轴，即可横向进行镗孔。

(2)利用支承套镗孔。当工件孔径较小,不能用托架时,可采用图 1-122 所示的支承套支撑刀杆镗孔。方法是先用短刀杆镗工件一端的孔,然后将工件转 180°安装,并在已加工孔中配装一个支承套,找正套的中心与刀杆中心重合,装上刀杆镗另一端孔至要求。

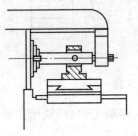 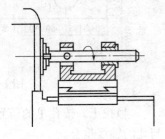

图 1-121　在卧铣上用托架镗孔　　　　图 1-122　用支承套镗孔

(3)利用直角角铁安装工件镗孔。当工件为板形,要在工件板面上镗垂直于板面的孔时,先把直角角铁放在铣床工作台上,找正角铁垂直面与纵向工作台移动方向平行后并固定,然后把工件压在直角铁上进行镗孔。

(4)利用分度头装夹工件镗孔。先把分度头顺时针旋转 90°并固定,可将分度头上三爪自定心卡盘上装夹工件,镗削工件若干等分孔。刀具与工件之间的定位参照本节第 3 题(1)的方法。

6. 防止镗孔出现椭圆的方法

在铣床上用刀具镗孔时,会出现椭圆现象。产生这种不良现象的主要原因是铣床主轴轴线与工作台不垂直,或与工件孔的轴线不平行;万能铣床回转盘没有调整到零位。所以,在镗孔前一定检测和调整铣床主轴轴线与工作台的垂直度达到要求,对不工作的工作台应紧固。为了提高孔的圆度和圆柱度,在精加工孔时,最好采用双刃浮动镗刀铰孔,或采用大螺旋铰刀铰孔。

7. 防止镗孔时产生振动的方法

在铣床上镗孔时产生振动现象的原因,一是刀杆刚度太差,二是刀具几何参数不合理,三是切削用量不合理。防止方法是在孔径和排屑条件许可的条件下,应尽可能增大刀杆横截面积和减小刀杆悬伸长度,以提高刀杆的刚度。一般镗刀杆的安装刀头孔都通过刀杆中心,造成刀尖(刃)高于工件中心,使刀具的工作前角 γ_{oe} 减小,工作后角 $\alpha_{oe}(\alpha_{o'e})$ 增大,造成切削时严重振动。所以在刃磨刀头时,必须注意这一问题,具体值用下式计算:

$$\tan\theta_o = \frac{h\cos K_r}{\sqrt{(d_W/2)^2 - h^2}}$$

$$\gamma_{oe} = \gamma_o + \theta_o \qquad \alpha_{oe} = \alpha_o - \theta_o$$

式中 γ_{oe} ——工作前角(°);

       α_{oe} ——工作后角(°);

       K_r ——刀具主偏角(°);

       h ——刀尖或切削刃高于工件中心值(mm);

       d_w ——工件内孔直径(mm)。

从上式中可以看出,当镗刀刀尖(刃)高于孔的中心在刃磨刀头时,刀具前角 γ_o 应增加一个 θ_o 值,后角 α_o 应减小一个 θ_o 值,才能达到合理的工作前角 γ_{oe} 和工作后角 α_{oe},达到正常切削和减小振动。

当镗孔产生振动时,除以上防止措施外,应适应减小切削速度和切削深度,适当增大进给量。

8. 提高铣床移距精度的措施

铣床工作台移动的距离,通常是用手轮刻度盘读数直接控制。但移距的精度要求高时,由于丝杠的螺距误差和丝杠副的间隙影响,不能满足工件位置精度要求,可用量块和百分表来控制工作台(工件)的移动距离。方法是取一组尺寸等于工作台所移动量的量块,将量块工作面贴合在被移动工作台的侧面,把百分表固定在非移动的床身上,使测头与量块接触,然后抽出量块,将工作台向百分表方向移动,当百分表指针转到原来的读数位置时,工作台就精确地移动一个所需距离。

第二种是比较简便精确移动纵向工作台的方法,如图 1-123 所示。在纵向工作台侧面 T 形槽和横向工作台的加油孔中,分别固定一个测量柱。当需要移动纵向工作台时,先用外径千分尺测量量柱外侧间的距离,然后用手轮移动纵向工作台后,再用外径千分尺测量两柱间的距离,复核移距的准性。如有误差,再微量调整工作台予以消除。

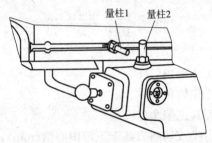

量柱1　量柱2

图 1-123　精确移动纵向工作台的一种方法

9. 铣螺旋槽时交换齿轮的计算

在铣床上铣螺旋槽时,除铣刀旋转运动外,还要求工件在分度头和顶尖上作匀速旋转运动,工件随工作台纵向进给作匀速直线运动。若铣多头螺旋槽时,还要进行分度。这就需要通过交换齿轮把分度头侧轴和铣床纵向工作台丝杠连接起来,实现工件的匀速旋转运动和工作台匀速直运动,如图 1-124 所示。而且要保证工件转一周,工作台必须纵向移动一个导程 P_z,即纵向丝杠转 $P_z/P_{丝}$ 转。交换齿轮用下式计算:

$$i = \frac{40P_{丝}}{P_z} = \frac{Z_1 Z_3}{Z_2 Z_4}$$

式中　Z_1、Z_3 ——主动齿轮;

　　　Z_2、Z_4 ——从动齿轮;

$P_{丝}$ ——工作台丝杠螺距（mm）；

P_z ——螺旋槽的导程（mm）；

i ——速比（可以从上海科学技术出版社出版的《金属切削手册》中的速比挂轮表中查出相应的挂轮的齿轮齿数）。

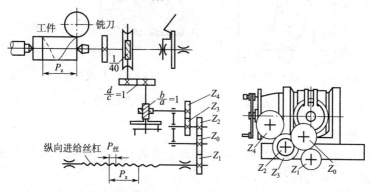

图 1-124 交换齿的安装

10. 铣螺旋槽时减小"内切"的方法

从图 1-125 的矩形螺旋槽的铣削情况分析，从螺旋槽法向截形来看，只要用立铣刀直径 d 等于槽宽，就可以把螺旋槽正确地加工出来。其实不然。因为在工件导程 P_z 已确定的情况下，不同直径圆柱表面上的螺旋角是不相等的。工件直径越大，螺旋角就越小。而在计算导程时，是以工件外圆直径来计算的，所以只有外圆柱上的螺旋线和立铣刀外圆在法向截面 $N-N$ 相切，而内圆柱上的螺旋线，由于螺旋角大于外圆螺旋线的螺旋角，不可能与立铣刀外圆在 $N-N$ 截面相切，这样立铣刀必然会在外圆柱以下的螺旋槽多切去一些，使槽形产生"内切"现象，如图 1-125(b)所示。

若用三面刃铣刀铣螺旋槽，由于铣刀两侧刃的旋转运动轨迹是一个平面，更无法与螺旋槽侧面相吻合，因此干涉现象更为

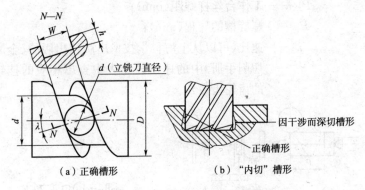

（a）正确槽形　　　　　（b）"内切"槽形

图 1-125　法向截形为矩形的螺旋槽

严重。

综合上面所述,要铣削出形状精度较高的螺旋槽形,就必须设计专用的刀具。

在生产实际中,对一般精度的螺旋槽,只要适当控制螺旋槽的"内切"现象,完全可以采用和螺旋槽法向截面形状相同的标准立铣刀进行铣削。为了减小"内切"现象,盘形铣刀的直径越小越好,并改磨成锥面刀更好。

11. 铣螺旋槽时铣削方向的确定

螺旋槽的旋转方向,是由工件的旋转方向和工件的进给方向所决定的。铣右旋螺旋槽时,应使工件的旋转方向与工作台右旋丝杠的旋转方向一致。铣左旋螺旋槽时,应使工件的旋转方向与工作台右旋丝杠的旋转方向相反。

此外还得注意下面两种情况,如图 1-126 所示。当工件和心轴之间无定位键时,要注意心轴上的锁紧螺母在切削力的作用下是否自动松开,如图 1-126(b)所示的情况。因为心轴上的螺母是右旋的,工件在切削力的作用下,由于端面的摩擦,使锁紧螺母跟着工件转动而逐渐松开。因此正确的铣削方向,应如图 1-126(a)所示。

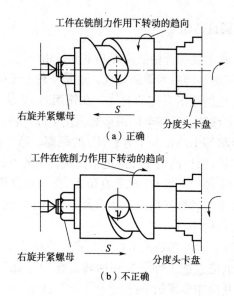

图 1-126　螺旋槽铣削方向的选择

用立铣刀铣螺旋槽时,如果铣刀中心相对工件中心有一个偏心距 e,如图 1-127 所示,在分度头确定转向时,应保证已铣成的槽底逐步离开铣刀端面(图 1-127(a)),而不是顶着铣刀端面(图 1-127(b)),否则会在铣削时造成振动。

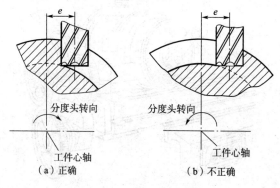

图 1-127　分度头转向的选择

12. 铣削圆盘凸轮

铣圆盘凸轮与铣螺旋槽的原理基本上是相同的。凸轮上的工作曲线,最常用的是阿基米德螺旋线。这是一种等速曲线,也即是在圆周方向按比例逐渐升高的曲线。在铣削时,要使工件转动的同时,还要纵向移动。其移动的距离必须使工件每转一周,纵向工作台应准确地移等于凸轮一个导程 P_z 的距离。所不同的是铣螺旋槽是轴向进给,而铣凸轮是径向进给。铣凸轮的方法有两种,一种是把分度头主轴向上扳 90°成垂直位置,称为垂直铣削法;另一种是使分度头主轴的倾斜角度 α 处于大于 0°小于 90°范围内,这种方法称为倾斜铣削法。

(1)垂直铣削法。它是把工件安装在垂直向上的分度头主轴上进行铣削,也可以把工件安装在回转工作台上进行铣削,如图1-128 所示。其操作步骤如下:

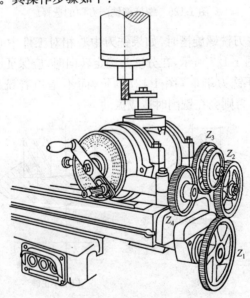

图 1-128 垂直铣削法

1)划线。在圆盘凸轮坯上,精确地划出凸轮外形曲线,特别是凸轮的起点(最小半径)与终点(最大半径),以便进行铣削前的校验和铣削后的检验。

2)粗铣。凸轮工作曲线的最小半径处,加工余量最大,因此,在留好精铣余量后,把其余的余量先去除。

3)调整分度头主轴与立铣头的位置。使立铣头与分度头主轴和工作台面垂直,并将分度盘锁紧螺钉和分度主轴锁紧手柄松开。

4)选择铣刀。按照从动推杆滚轮直径选择立铣刀直径,并装夹固定。

5)选择铣削方向。铣削圆盘凸轮时,应使凸轮与铣刀的旋转方向相同,并且铣刀须由凸轮的最小半径处铣向最大半径处。

6)装夹工件。为了满足上述要求,凸轮坯装夹时要注意正反面,即顺时针转动铣削时,凸轮的工作曲线应按逆时针方向升高。

7)计算导程和交换齿轮。由图 1-129 所示得知,计算交换齿轮是为了铣削中心角 80°部分的工作曲线,而图中的 25 mm 并不是这部分工作曲线的升高量,它的升高量应为 20 mm,所以它的导程为:

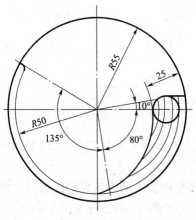

图 1-129　圆盘凸轮工作图

$$P_z = \frac{360°H}{\theta} = \frac{360° \times 20 \text{ mm}}{80°} = 90 \text{ mm}$$

式中 P_z——凸轮工作曲线导程(mm);

       H——凸轮工作曲线升高量(mm);

       θ——凸轮工作曲线中心角(°)。

    然后把纵向工作台丝杠螺距 $P_{44} = 6$ mm 和凸轮工作曲线导程 $P_z = 90$ mm 代入下式,计算出交换齿轮的齿数。

$$\frac{Z_1 Z_3}{Z_2 Z_4} = \frac{40 P_{44}}{P_z} = \frac{40 \times 6}{90} = \frac{240}{90} = \frac{40 \times 70}{30 \times 35}$$

    8)对中心。使铣刀中心对准凸轮中心,方法是在凸轮坯的一条中心线,与纵向工作台进给方向平行,用铣刀在工作曲线周边线印线外边铣一个浅印迹,将浅印圆弧与凸轮中心线相切(图1-130),然后降低工作台,并移动横向工作台,使工件向着铣刀方向移动一个铣刀半径的距离后,紧固横向工作台即完成对刀。

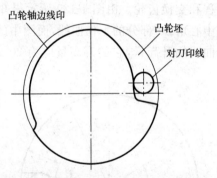

图 1-130   铣凸轮对中心

    9)铣削。当上述步骤完成后,就可铣凸轮,铣削时要注意进刀和退刀方法。

    进刀时,可将分度头手柄的定位销拔出,然后摇动纵向工作台手轮(当凸轮导程较小时,工作台手轮可能摇不动,此时可转动分度盘),使纵向工作台移动,这时工件不转动,只是直线移动,使工件向铣刀靠近,待铣刀切入工件预定深度后,再将分度手柄定位销插入分度盘的孔圈内,接着就可以摇动分度手柄,使工件转动的同时沿纵向移动进行铣削。如果用回转工作台进行铣削,由于回转工作台的结构与分度头不同,因此进刀时,只能采用脱开交换齿轮后,再摇动纵向工作台手轮的办法进刀。

退刀时,可横向移动工作台,使工件离开铣刀。再反向摇动分度手柄(手柄定位销不应拔出),使工件反向旋转退回到起始切削位置。第二次进刀前,应把横向工作台退回到原来位置。这样经过几次铣削,就可将凸轮的平面螺旋线铣出来。

(2)倾斜铣削法。为了弥补垂直铣削法的不足,采用倾斜铣削法。倾斜铣削法就是将分度头主轴与工作台倾斜一个角度 α,并使立铣头相应倾斜一个 β 角,如图 1-131 所示,使立铣头的轴线与分度头主轴轴线平行。其铣削方法和步骤与垂直铣削法基本相同,仅调整与计算有如下不同。

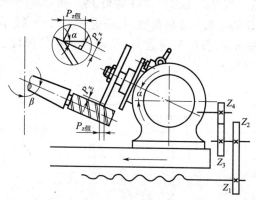

图 1-131　倾斜铣削法

1)分度头主轴与立铣头主轴倾斜的计算。由于分度头主轴倾斜 α 角,所以铣刀与凸轮接触后,工作台在水平方向移动一个导程 $P_{z假}$ 时,实际在凸轮坯径向的铣削深度才是凸轮的真正导程 P_z,而且角度 α 越大,P_z 和 $P_{z假}$ 越接近(当 $\alpha = 90°$ 时,$P_z = P_{z假}$),α 角度越小,P_z 越小于 $P_{z假}$。由图 1-131 中放大部分可知 P_z 和 $P_{z假}$ 的关系:

$$\sin\alpha = \frac{P_z}{P_{z假}}$$

或
$$P_z = P_{z假}\sin\alpha$$

计算时,先假定一个导程 $P_{z假}$,使 $P_{z假}$ 大于或接近于凸轮导程 P_z,而且要使 $P_{z假}$ 能进行因式分解。

立铣头主轴倾斜角,用下式计算:
$$\beta = 90° - \alpha$$

2)交换齿轮的计算。若凸轮上有几段不同导程的工作曲线时,可按其中一个导程计算交换齿轮,而铣其它导程曲线时,只需调整一下立铣头和分度头主轴倾斜角就可以了。计算时按下式进行:

$$i = \frac{Z_1 Z_3}{Z_2 Z_4} = \frac{40 P_丝}{P_{z假}}$$

为了方便,可由表 1-11 和表 1-12 中根据假定导程 $P_{z假}$ 直接查出交换齿轮。当纵向工作台丝杠螺距 $P_丝 = 6$ mm,分度头定数为40,交换齿轮的齿数为 5 的倍数时,应查表 1-11。当纵向丝杠螺杠螺距 $P_丝 = 6$ mm,分度头定数为 40,交换齿轮的齿数为 2 的倍数时,应查表 1-12。

表 1-11　交换齿轮

组别	交换齿轮				凸轮假定导程 $P_{z假}$（mm）
	Z_1	Z_2	Z_3	Z_4	
1	100	25	80	25	18.75
2	100	30	90	50	40.00
3	100	40	80	50	60.00
4	100	30	50	55	79.20
5	100	30	50	70	100.80
6	90	40	70	80	121.92

表 1-12　交换齿轮

组别	交换齿轮				凸轮假定导程 $P_{z假}$ (mm)
	Z_1	Z_2	Z_3	Z_4	
1	100	24	72	24	19.20
2	100	24	64	44	39.60
3	72	48	64	24	60.00
4	100	48	64	44	79.20
5	64	56	100	48	100.80
6	86	48	44	40	121.78

3)铣刀切削刃长度的计算。倾斜铣圆盘凸轮时,凸轮周边沿铣刀轴向做相对运动,若铣刀轴向切削刃太短,则不能将凸轮曲线全部铣削出来,所以要计算切削刃长度 L。L 的长短取决于凸轮的导程、工件厚度和分度头主轴倾斜角 α,其计算式如下:

$$L = B + H\cot\alpha + 10$$

式中　L ——铣刀切削刃轴向长度(mm);

　　　B ——凸轮厚度(mm);

　　　H ——凸轮升高量(mm);

　　　α ——分度头主轴倾斜角(°);

　　　10——多留出的切削刃长度(mm)。

4)铣削。铣削中的进刀和退刀可利用垂直进给,进刀数值按照凸轮上划出的线印。凸轮周边若有同心圆周部分,待等速凸轮工作曲线铣出后,把手柄插销从孔盘中拔出,使凸轮旋转,工作台不移动,进行铣削。

13. 铣削圆柱凸轮

在铣床上铣削等速圆柱凸轮的原理与铣削等速圆盘凸轮相同,只是分度头主轴位置不同,即分度头主轴中心线平行于工作台。铣削时的调整计算方法与垂直铣削法铣等速圆盘凸轮相同。

图 1-132 所示的圆柱凸轮,BC 和 AD 是工作曲线部分,AB

和 CD 是平面部分。圆柱凸轮 AD 段为右旋,BC 段为左旋,在铣削中用增减中间轮来改变分度头主轴的旋转方向,就可铣削出左右旋工作曲线。

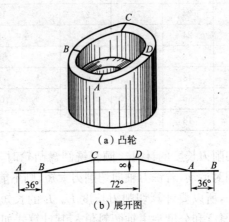

（a）凸轮

（b）展开图

图 1-132　等速圆柱凸轮

图 1-133 所示为对称螺旋面圆柱凸轮。这种对称螺旋面的凸轮是圆柱凸轮中比较典型的凸轮,它的铣削方法与上述方法基本相同,下面就介绍其不同之处。

（1）划线和铣退刀槽。铣这类凸轮的关键是保证螺旋面的对称性。因此在铣削前,必须按图纸要求,准确地划出线印,并根据线印铣出退刀槽。

（2）试铣和校验导程。当铣刀对好中心后,松开分度盘固定螺钉,并下降工作台,使铣刀在工件外圆上切出浅刀痕,然后转动分度手柄,观察刀痕边线是否与所划线印相符,来检验导程与交换齿轮安装是否正确。

（3）铣削加工。各项准备工作完成后,就开始正式铣削。铣削过程中,主要应熟练掌握进刀和退刀方法和严格控制各螺旋面的等高。因此在铣削时,先使铣刀对准曲线最高点（垂直中心线）,然后将分度手柄插入在分度盘孔中,转动分度手柄连同分度盘一起转动。进刀时,拔出分度手柄定位销,转过几个孔距即可。退刀

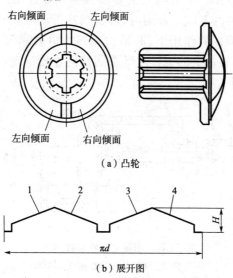

螺距=40 mm

右向倾面　左向倾面

左向倾面　右向倾面

（a）凸轮

1　2　3　4

H

πd

（b）展开图

图 1-133　对称螺旋面圆柱凸轮

时,一定要先拔出分度手柄定位销后转一圈(消除传动间隙)后,再插入孔中连同分度盘一起反向转动。这一点应特别注意,不然由于反向间隙会造成严重的啃刀或造成铣刀折断。第一螺旋面半精铣削后,用同样的方法铣出第三螺旋面。精铣时,铣出第一螺旋面后,不用退刀直接分度即可铣出第三螺旋面,这样可保证两个螺旋面的等高。

铣第二、四螺旋面时,必须改变分度头的旋转方向,这时要在交换齿轮中增加一个中间轮。但是在中间轮安装后,由于各部存在一定的间隙,造成工件与铣刀之间的相对位置会发生变动,这一点必须注意。铣削第二、四螺旋面时,应采用铣削第一、三螺旋面的同样的方法铣削。铣削时,必须始终采用手动进给。

对于上述各类型的圆柱凸轮,若成批生产时,可采用靠模铣削法,如图 1-134 所示。夹具固定在铣床工作台上,夹具体内装有蜗轮和蜗杆,心轴的右端安装一个与圆柱凸轮曲线升高率和导程相同的靠模。带有滚轮的靠模杆插入靠模的曲线槽内,工件固定在心轴的左端。铣削时,转动蜗杆带动蜗轮和心轴旋转,在靠模和靠模杆的作用下,心轴边旋转边沿着靠模上的曲线槽作轴向移动,心轴上的工件也随着同样的进给运动,从而就铣出所需螺旋面来。

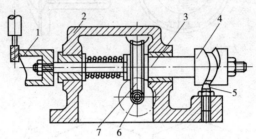

图 1-134　用靠模法铣圆柱凸轮

1—工件;2—夹具体;3—心轴;4—靠模;

5—插销;6—蜗杆;7—蜗轮

14. 铣削渐开线凸轮

根据渐开线形成的原理,铣削渐开线凸轮是要使工件绕自身轴线沿弧 $\overparen{AC}$ 方向回转,同时沿着铣刀所在位置沿线段 $\overline{CB}$ 方向移动,这样就能在工件上铣出渐开线凸轮来,如图 1-135 所示。

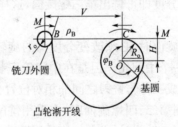

图 1-135　渐开线凸轮

(1)铣刀的坐标位置计算公式:

$$H = R_o$$

$$V = P_B + r_。$$

式中 H ——渐开线凸轮的升距(mm)；

        V ——立铣刀中心与渐开线凸轮基圆中心的距离(mm)；

        $R_。$ ——渐开线凸轮的基圆半径(mm)；

        P_B ——渐开线已知点 B 处的曲率半径(mm)；

        $r_。$ ——立铣刀的半径(mm)。

(2)交换齿轮的计算公式：

$$\frac{Z_1 Z_3}{Z_2 Z_4} = \frac{K P_丝}{2 \pi R_0}$$

式中 $Z_1 Z_3$ ——主动齿轮；

        $Z_2 Z_4$ ——从动齿轮；

        K ——分度头定数(40)；

        $P_丝$ ——工作台传动丝杠螺距(mm)；

        $R_。$ ——渐开线凸轮的基圆半径(mm)。

(3)铣削。铣削时采用立铣刀,铣刀直径为滚子直径。铣削这种凸轮一般采用垂直铣削法,从凸轮最高点 B 处开始铣削。

第八节　刀具开齿的铣削

1. 铣削圆柱刀具直齿槽

锯片铣刀、三面刃铣刀和成形铣刀等刀具的齿槽一般为直槽,即刀具的齿槽方向与刀具的轴线平行。直槽铣刀可以在铣床上用单角铣刀或双角铣刀铣削。这类铣刀的前角 $\gamma_。$ 有两种情况,即 $\gamma_。=0°$ 和 $\gamma_。>0°$。它们的铣削方法基本相同,只是工作铣刀与被加工刀具的对位置不同。

(1)前角 $\gamma_。=0°$ 的刀具的开齿

1)用单角铣刀开齿。如图 1-136 所示的盘形单角铣刀开齿。图中 θ 为直角槽,要保证齿槽的正确,其工作铣刀的刀齿截形角也应等于 θ。

由于被加工刀具(工件)的前角 $\gamma_。=0°$,所以工作铣刀的右侧

垂直面应通过工件中心,如图 1-136 所示的位置。这时齿槽深度 h,即工作台的升高量 $H=h$,其铣削步骤为:

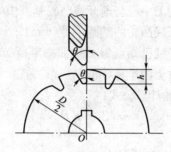

图 1-136　用单角铣刀铣削 $\gamma_{\circ}=0°$ 的刀齿

①选择和安装铣刀。选择与工件齿形槽 θ 相同的单角铣刀,安装在刀杆上后,并检验铣刀径向和端面的圆跳动量是否符合要求。

②装夹工件。工件用心轴装夹后,安装在分度头与顶尖之间,并用百分表找正径向圆跳动量小于 0.02 mm。

③对中心。在工件圆周上划一条与工件中心等高的水平线,然后把工件旋转 90°,使线印转到上面,调整横向工作台,使单角铣刀的刀尖对准线印后,紧固横向工作台。也可用切痕对刀法对中心。

④调整切削深度和计算分度手柄转数。使工件铣刀的刀尖接触工件外圆最高点后,退出铣刀,使工作台升高 $H=h$。分度手柄转数 $n=40/Z$(其中,Z 为工件齿数)。

⑤进行铣削。

2)用双角铣刀开齿。用双角铣刀铣削前角 $\gamma_{\circ}=0°$ 的齿槽时,刀具与工件的相对位置如图 1-137 所示。同样工作铣刀的截形角与工件的槽形角 θ 相同。

由于双角铣刀的两面刀刃都带斜度,所以工作铣刀的刀尖就不能对正工件的中心线,而应使工作铣刀右侧锥面通过工件中心。为此,必须使工作铣刀的刀尖与工件中心偏移一个距离 S(图

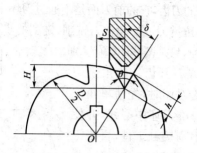

图1-137　用双角铣刀铣削 $\gamma_o = 0°$ 的刀齿

1-137)。横向移动量 S 用下式计算：

$$S = \left(\frac{D}{2} - h\right)\sin\delta$$

式中　D——工件直径(mm)；

　　　h——工件齿槽深度(mm)；

　　　δ——双角铣刀的小角度(°)。

由于工作铣刀偏移的关系，工作台升高量 H,也相应发生了变化(即 $H \neq h$),所以工作台升高量 H 用下式计算：

$$H = \frac{D}{2}(1 - \cos\delta) + h\cos\delta$$

从以上两式中可以看出，工作铣刀的角度 δ 值越大，偏移量 S 值就越大。为了使偏移量 S 值不致于过大，因此,用双角铣刀开齿时，通常都用小角度一侧的切削刃来铣削前刀面。铣削的步骤和方法与单角铣刀开齿相同。

因为常用的双角铣刀小角 $\delta = 15°$,为了简便计算,所以将横向偏移量 S 和垂直升高量 H 的计算公式简化如下：

$$S = 0.26(R - h)$$
$$H = 0.034R + 0.966h$$

式中　R——被加工工件外圆半径(mm)；

　　　h——被加工工件齿槽深度(mm)。

(2)前角 $\gamma_o > 0°$ 的刀齿开齿

前角 $\gamma_o>0°$的刀齿,它的前刀面是不通过刀坯中心线的。$\gamma_o>0°$的刀齿可以用单角铣刀或双角铣刀铣削,铣削的步骤和方法与铣削$\gamma_o=0°$的刀坯相似,只是调整计算有区别。

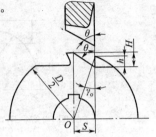

图 1-138 单角铣刀铣削
$\gamma_o>0°$的刀齿

1)用单角铣刀开齿。单角铣刀铣前角 $\gamma_o>0°$的刀坯时,先使单角铣刀的端面刀刃对准刀坯中心线,并使工作铣刀刀尖刚刚接触工件,再将工件向铣刀锥面刀刃方向横向移动距离 S,如图 1-138 所示,使刀坯上待加工刀齿的前刀面和工作铣刀端面刃重合。然后,使工作台垂直升高 H,进行铣削。

工作台横向移动距 S 用下式计算:

$$S = \frac{D}{2}\sin\gamma_o$$

工作台升高量 H 用下式计算:

$$H = \frac{D}{2}(1 - \cos\gamma_o) + h$$

式中 γ_o——刀具前角(°);

D——工件外径(mm);

h——工件齿槽深度(mm)。

为了便于计算,将 S 和 H 值的计算公式简化列于表 1-13。

表 1-13 用单角铣刀铣削 $\gamma_o>0°$的 S 和 H 值

前角 γ_o(°)	5	10	12	15
S	0.043 6D	0.086 8D	0.104D	0.13D
H	0.001 9D+h	0.007 6D+h	0.010 9D+h	0.017D+h

注:本表与公式均未考虑工作铣刀的刀尖圆弧半径 r_ε,如需要时可以从计算结果中减去"$0.7r_\varepsilon$"即可。

单角铣刀铣削前角 $\gamma_\circ > 0°$ 的刀坯时,还可以采用这种对刀法(如图1-139所示)。这时,先用单角铣刀端面刀刃对正工件中心线,并铣出浅印 A,然后工件按照图中的箭头方向转动一个 $\gamma_\circ$ 角(即工件前角),再横向移动工作台,使工作铣刀的刀尖和浅印 A 对准,工作台升高一个齿槽深度 h 后,就可正式铣削。

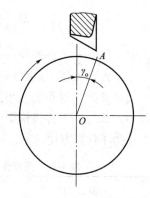

图 1-139　对刀法铣削
$\gamma_\circ > 0°$ 的刀坯

2)用双角铣刀开齿。图 1-140 为用双角铣刀铣削前角 $\gamma_\circ > 0°$ 刀坯的示意图。

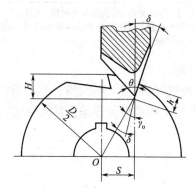

图 1-140　用双角铣刀铣削 $\gamma_\circ > 0°$ 的刀坯

铣削方法和步骤与用单角铣刀铣削时相同。铣削时,为保证得到要求的前角,工作铣刀具有小角度的一侧,应与被加工刀齿的前刀面相重合。为此在加工前同样使工作铣刀刀尖与工件中心偏移一个距离 S。

工作台横向移动距离 S 用下式计算:

$$S = \frac{D}{2}\sin(\delta - \gamma_\circ) - h\sin\delta$$

工作台升高量 H 用下式计算:

$$H = \frac{D}{2}[1 - \cos(\delta - \gamma_\circ)] + h\cos\delta$$

式中　D——工件外径(mm);

　　　$\gamma_\circ$——铣刀(工件)前角(°);

　　　δ——双角铣刀小角角度(°);

　　　h——工件齿槽深度(mm)。

为了计算方便,特将 S 和 H 值的计算公式化简后列于表1-14。

表 1-14　用双角铣刀铣削 $\gamma_\circ > 0°$ 的 S 值和 H 值

前面 $\gamma_\circ$(°)　　$\delta = 15°$	5	10	12	15
S	$0.17D - 0.26h$	$0.212D - 0.26h$	$0.227D - 0.26h$	$0.25D - 0.26h$
H	$0.03D + h$	$0.046\ 8D + h$	$0.054\ 5D + h$	$0.067D + h$

注:1. 本表根据 $\delta = 15°$ 时计算的,如条件改变时仍用原公式。

　　2. 本表与公式均未考虑工作铣刀的刀尖圆弧半径 r_ε,需要时可从表中计算结果中减去"$0.7r_\varepsilon$"即可。

(3)齿背的铣削

刀坯上的齿槽铣好后,接着铣齿背。铣齿背仍然用铣齿槽的角度铣刀,这时需使工作台横向和垂直移动位置,并使分度头转过一个角度 φ。

当铣削前角 $\gamma_\circ = 0°$ 刀齿的齿背时,分度头转过的角度 φ(图1-141)为:

$$\varphi = 90° - \theta - \alpha_\circ$$

当铣削前角 $\gamma_\circ > 0°$ 刀齿的齿背时,分度头转过的角度 φ(图1-142)为:

$$\varphi = 90° - \theta - \alpha_\circ - \gamma_\circ$$

式中　θ——工件的齿槽角(°);

　　　$\alpha_\circ$——工件的齿背角(°);

　　　$\gamma_\circ$——刀具前角(°)。

用双角铣刀铣削齿背,φ 的计算公式与用单角铣刀铣削齿背相同。分度头转动角度 φ 算出后,再将它换算成分度手柄转数。

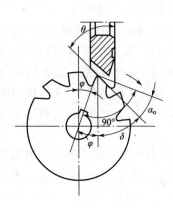
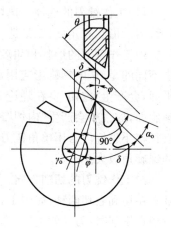

图 1-141　用单角铣刀铣削
　　 $\gamma_{\circ}=0^{\circ}$ 的齿背

图 1-142　用单角铣刀铣削
　　 $\gamma_{\circ}>0^{\circ}$ 的齿背

2. 圆柱螺旋齿槽刀具的开齿

在圆柱面上铣削螺旋齿槽刀具的调整计算和操作方法与铣直槽齿刀具有很大不同。主要是槽形表面是螺旋面,因此在铣削过程中,总会发生干涉现象,使铣出的槽形和工作铣刀的形状不相符合。当螺旋角越大、槽越深及工作铣刀直径越大时,干涉现象越严重。同时对工作铣刀位置的调整也带来一定的复杂性。本题以图 1-143 所示的圆柱螺旋齿铣刀为例,介绍其铣削方法。

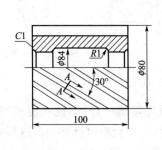
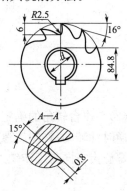

图 1-143　螺旋齿铣刀

(1)工作铣刀的选择。选择工作铣刀有两个要求,一是选择工作铣刀的形状和角度;二是选择工作铣刀的切削方向。

1)工作铣刀的形状和角度。是由工件齿槽形状决定的,与直齿不同的是,铣削螺旋齿应用双角铣刀。因为单角铣刀的端面是平面,会产生"内切"。在理论上双角铣刀的锥面是一条素线切削螺旋面,故很少会产生"内切"现象。在允许的条件下,工作铣刀的直径越小越好。若用单角铣刀,为了减小"内切"现象,可将工作台的螺旋角扳大 $1°\sim3°$。

2)工作铣刀的切削方向。双角铣刀按其小角度的切削刃为基准有左切和右切两种,如图 1-144 所示。其选择原则是:应使螺旋齿槽在铣削时,刀坯的旋转方向离开工作铣刀小角度的切削刃,这样可避免切伤齿坯刃口。图 1-145 所示表示刀坯和工作铣刀的旋转方向及工作台的进给方向。

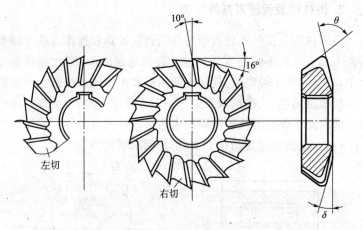

图 1-144　左、右切铣刀

(2)工作台转角的确定。当铣螺旋槽一样,即铣右旋槽时,工作台逆时针转动;铣左旋螺旋槽时,工作台顺时针转动。这样才能保证螺旋齿方向与工作铣刀旋转平面方向一致,以便获得正确的槽形。

（a）左切铣刀铣削右旋齿坯　　　（b）右切铣刀铣削左旋齿坯

图 1-145　双角铣刀切削方向的选择

至于转动角度的大小，与选择工作铣刀的切削方向及螺旋角 β 大小有关。在正常的情况下，当螺旋角 $\beta < 20°$ 时，工作台的转角等于螺旋角 β；当 $\beta > 20°$ 时，为避免工作铣刀内切工件齿槽底部，工作台实际转角 β_1 要小于螺旋角 β。因为当导程一定时，螺旋角随着所在的直径减小而变大。工作台的实际转角 β_1 用下式计算：

$$\tan\beta_1 = \tan\beta\cos(\delta + \gamma_n)$$

式中　β——工件螺旋角（°）；

　　　β_1——工作台实际转角（°）；

　　　δ——双角铣刀的小角度（°）；

　　　γ_n——工作（刀坯）法向前角（°），法向前角 γ_n 为 $\tan\gamma_n = \tan\gamma_f\cos\beta$，$\gamma_f$ 为进给前角（°）。

需要说明的是若用右切铣刀加工右旋齿槽，或用左切铣刀加工左旋齿槽时，由于工件的转动方向是靠向工作铣刀的小角度，如仍采用上述减少转角的方法，就会使刀坯刃口发生严重的"内切"现象。必须使工作台多转角多"内切"齿槽少"内切"刃口，在刃磨刀具时可得到修复。因此在实际工作中，可使工作台实际转角 β_1 > β，一般大 3°左右，具体数值视工件螺旋角大小而定。

（3）调整计算。用双角铣刀铣螺旋齿刀坯与铣直齿槽一样，横向工作台也要偏移一个距离 S，垂直工作台也要升高 H 值，如图 1-146 所示。

1）工作台横向偏移量 S 的计算。铣削螺旋齿槽是在刀坯齿

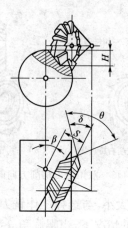

图1-146 铣螺旋齿时刀具与工件的相对位置

的法向截面内进行铣削的(圆柱铣刀的法向截面是一个椭圆面)。所以在计算横向偏移量公式中,以椭圆的曲率半径 $\rho = D/(2\cos^2\beta)$ 来代替 $D/2$。因此,偏移量 S 用下式计算:

$$S = \frac{D}{2\cos^2\beta}\sin(\delta + \gamma_\circ) - h\sin\delta$$

式中　D——工件外径(mm);

　　　β——工件螺旋角(°);

　　　δ——工作铣刀的小角度(°);

　　　$\gamma_\circ$——工件前角(°);

　　　h——工件齿槽深度(mm)。

横向工作台偏量 S,在实际工作中可以查表1-15。

表1-15　铣螺旋刀具的偏移量 S 值简化公式

前角 $\gamma_\circ$(°) 螺旋角 β(°)	5	10	12	15
10	$0.176D - 0.26h$	$0.218D - 0.26h$	$0.234D - 0.26h$	$0.258D - 0.26h$
15	$0.183D - 0.26h$	$0.226D - 0.26h$	$0.244D - 0.26h$	$0.268D - 0.26h$
20	$0.194D - 0.26h$	$0.238D - 0.26h$	$0.257D - 0.26h$	$0.283D - 0.26h$
25	$0.208D - 0.26h$	$0.257D - 0.26h$	$0.276D - 0.26h$	$0.304D - 0.26h$

螺旋角 β(°) \ 前角 γ_0(°)	5	10	12	15
30	0.228D−0.26h	0.282D−0.26h	0.303D−0.26h	0.330D−0.26h
35	0.255D−0.26h	0.305D−0.26h	0.338D−0.26h	0.373D−0.26h
40	0.290D−0.26h	0.355D−0.26h	0.387D−0.26h	0.426D−0.26h
45	0.342D−0.26h	0.423D−0.26h	0.454D−0.26h	0.500D−0.26h

注:1. 表中数据是根据工作铣刀小角度 $\delta=15°$ 计算的,如条件有变化应按前面的公式计算。

2. 表中公式中未考虑工作铣刀刀尖圆弧半径 r_ε,如需时,可从 S 值中减去"$0.7r_\varepsilon$"即可。

2)工作台升高量 H 的计算。工作台升高量 H 在端面上和法向上是一样的,仍然按下式计算:

$$H = \frac{D}{2}\left[1 - \cos(\delta + \gamma_0)\right] + h\cos\delta$$

同样仍可以查表 1-14。

3)计算导程和分度头交换齿轮。

①计算导程用下式:

$$P_z = \pi D \cot\beta$$

式中　P_z——工件导程(mm);

　　　D——工件直径(mm);

　　　β——工件螺旋角(°)。

②计算交换齿轮。根据分度定数(40)、工作台纵向丝杠螺距 $P_{丝}=6$ mm 和导程,计算出传动速比 i,再根据 i 查上海科学技术出版社出版的《金属切削手册》或机械工业出版社出版的《机械工人切削手册》中速比挂轮表,查出所需的交换齿轮齿数。

$$i = \frac{40P_{丝}}{P_z} = \frac{Z_1 Z_3}{Z_2 Z_4}$$

4)计算分度手柄轨数 n。

$$n = 40/Z$$

(4)操作方法和注意事项。用心轴装夹工件在分度头和顶尖上,并找正工件;工作台应逆时针方向扳转;以工作铣刀刀尖微切工件最高点为准,横向工作台向工作铣刀小角反方向移动一个 S;铣螺旋槽时,必须松开分度头主轴的锁紧手柄和松开分度盘上的紧固螺钉;用试切法逐步升高工作台为 H 值,然后紧固横向工作台及升降工作台再进行铣削;铣后一齿后退刀时,为避免擦伤刀齿,应将工作台下降使工作铣刀离开工件后进行分度,分度时一定要注意消除传动链的间隙,再上升工作台铣第二个齿。

3. 铣螺旋槽刀齿产生的问题和原因及防止方法

(1)刀齿棱边宽度不一致。原因是工件装夹后有径向跳动,分度头主轴中心和尾座中心的连线与工作台面不平行。防止方法是仔细找正工件和调整好工件轴线与工作台平行。

(2)前角数值不对。原因有横向工作台偏移量 S 计算和移动有误,对刀时工作铣刀刀尖未对工件中心,工作台实际转角 β_1 不正确。防止方法是各种调整计算一定要仔细,精确使铣刀刀尖对正工件中心和准确移动横向工作台 S 值,对工作台实际转角 β_1 计算和调整无误。

(3)前刀面干涉量太大。原因是工作台实际转角 β_1 调整不正确,导程 P_z 和交换齿轮计算有误或交换齿轮挂错。防止方法是仔细计算和正确重挂交换齿轮。

(4)齿槽表面粗糙度值大。原因有工作铣刀磨损大而不锋利,精铣时切削用量选择不合理,有积屑瘤产生。防止方法是工作铣刀在使用前检查刀具是否锋利,钝了及时修磨,合理选择切削用量和使用润滑性能好的切削液。

4. 铣削刀具端面齿槽

具有端面齿槽的刀具可分为两类:一类是圆柱直齿刀具,如三面刃铣刀、单角铣刀等,其端面刃前角为 $0°$;另一类是圆柱螺旋齿刀具,如两面刃铣刀、错齿三面刃和立铣刀等,其端面刃的前角 $>0°$。这些刀具在铣削端面齿槽时,除了应保证端面刃几何角度外,还要使棱边宽度一致。

(1)铣直齿刀具端面齿槽

1)工作铣刀的选择。铣削端面齿槽时,都是采用单角铣刀,其工作铣刀的截形角应与被加工刀具端面齿槽角相同。

2)装夹工件。被加工铣刀有带柄和不带柄两种结构,带柄的可以直接夹住柄部,不带柄的以内孔和一端面定位。用心轴进行装夹。但要防止在铣削时工作铣刀和心轴相碰。图 1-147 是一种比较紧凑的弹簧心轴,可以满足此要求。

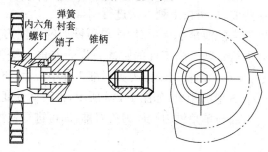

图 1-147　弹簧心轴

3)分度头扳角计算。要保证端面齿刃口棱边一致,端面齿槽必须要铣成外宽内窄,外深内浅。因此在铣削时,分度头主轴必须倾斜一个 α 角度,如图 1-148 所示,α 值用下式计算:

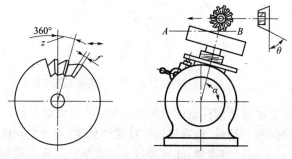

图 1-148　直齿刀具端面齿槽铣削

$$\cos\alpha = \tan\frac{360°}{Z}\cot\theta$$

式中　Z ——工件齿数;

θ——单角铣刀的截形角(°)。

需要说明的是按公式计算出的分度头主轴倾斜角度 α,没有考虑到工件端面刀刃的副偏角 κ_r',因此只能作一个初步的数据,在实际工作时,还必须通过试切后对分度头主轴倾斜角 α 作适当的调整。

4)工作台横向偏移量 S 的计算。端面齿槽一般都在圆周齿槽铣好后再铣的。为了使端面刀刃的前刀面与圆周刀刃的前刀面相互接平,必须使圆周刀刃的前刀面和纵向工作台移动方向平行。为了满足这些要求,可按下列方法进行调整。

当圆周刀齿的前角 $\gamma_o=0°$ 时,使单角铣刀的端面刀刃对准工件中心即可进行铣削。当工件的圆周刀齿的前角 $\gamma_o>0°$ 时,可在工件装夹后,先将单角铣刀端面刀刃对准工件中心后,再将工作台横向移动一个 S 值的距离,如图 1-149 所示,再转动分度头使工件圆周刀齿前刀面与单角铣刀端面刀刃对准,即可进行铣削。

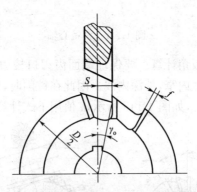

图 1-149　铣端面刀齿时($\gamma_o>0°$)刀具与工件的位置

除用上述计算偏移量的铣削外,还可以用试切进行。就是浅些深度铣削两三齿后,检查棱边宽度是否相等,刀齿之间连接是否平滑,然后进行适当调整,即可进行正式铣削。工作台横向偏量 S 用下式计算:

$$S=\frac{D}{2}\sin\gamma_{o1}$$

式中　D——工件外径(mm);

γ_{o1}——工件端面刃前角(°)

(2)铣螺旋齿刀具端面齿槽。图 1-150 所示为两面刃铣刀,其端面齿槽的形状,在垂直于端面切削刃 A—A 剖面中标出,是一个槽形为 θ 的直线齿背槽形。这种槽形可以用截角为 θ 的单角铣刀铣成。但不同的是端面齿具有一定的前角,在生产中一般在立式铣床上铣削,如图 1-151 所示。

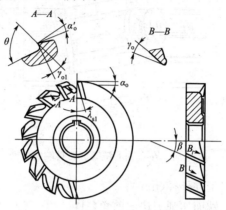

图 1-150　双面刃铣刀

在铣削前,需要计算分度主轴倾斜角 α、分度头底座在水平内的转角 α_1 和单角铣刀的端平相对工件轴线的偏移量 S,用下列近似公式计算:

$$\alpha_1 = 90° - \alpha'$$

$$\cos\alpha' = \tan\frac{360°}{2}\cos\gamma_{o1}\cot\theta$$

$$\alpha = \gamma_{o1}$$

$$\tan\gamma_{o1} = \tan\beta\cos\lambda_{s1}$$

$$S = \frac{D}{2}\sin\lambda_{s1}$$

式中　Z——工件齿数;

　　　θ——端面齿槽形角(°);

　　　λ_{s1}——端面切削刃刃倾角(°);

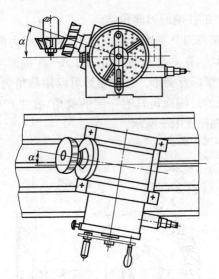

图1-151 在立铣上铣螺旋刀具端面齿槽

D——工件外径(mm);

γ_{o1}——端面切削刃法向前角(°);

β——工件圆周切削刃的螺旋角(°)。

端面切削刃刃倾角 λ_{s1} 一般都标注在刀尖图纸上。但端面切削刃的法向前角 γ_{o1},如果刀具工作图上没有,可按上式计算。

上述计算所得的数值是近似的,所以在实际铣削时,为保证端面切削刃的棱边宽度一致,还需用试切法将分度头在水平内转 α_1 角度,作进一步调整。

5. 铣角度直齿铣刀齿槽

单角铣刀铣齿槽时,一般都先铣锥面齿槽,然后按锥面齿来铣端面齿槽。

(1)选择工作铣刀。和铣端面齿槽一样,选用齿形角和锥面齿槽槽形角相同的单角铣刀进行铣削。

(2)计算工作台横向偏移量 S。角度铣刀的前角 γ_o 一般都标注在刀尖处,即 γ_o 是前刀面和通过刀尖的径向平面之间的夹角。

因此,偏移量 S 的计算就和圆柱形直齿刀具铣齿槽相同。

(3)计算分度头主轴倾斜角 α。为了保证角度铣刀锥面刀齿的棱边宽度沿刃口全长均匀一致,其锥面齿槽一定要做到大端深、小端浅。所以,在铣锥面齿槽时,如图 1-152 所示,分度头主轴和水平方向的倾斜角 α 必须小于工件外锥面的锥顶角($180°-2\delta$)的一半,倾斜角 α 按下式计算:

$$\tan\beta = \cos\frac{360°}{Z}\cot\delta$$

$$\sin\lambda = \tan\frac{360°}{Z}\cot\theta\sin\beta$$

$$\alpha = \beta - \lambda$$

式中　　Z——工件(角度铣刀)齿数;

　　　　δ——工件外锥面的锥底角(°);

　　　　θ——工作铣刀齿形角(°);

　　　　β、λ——中间计算量。

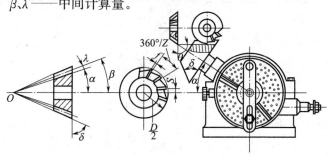

图 1-152　角度铣刀的铣齿

(4)铣削深度的调整。铣削深度可以用试切来确定。试切时应保证锥面刃的棱边宽度等于规定的要求。

上述计算也适用于双角铣刀的铣齿,但两个锥面上的齿槽,应按各自的锥底角 δ 分别计算出分度头主轴的倾斜角 α。

6. 铣削直齿锥度铰刀齿槽

铰刀是孔精加工刀具,可分圆柱铰刀和圆锥铰刀(又称锥度铰刀）。

（1）铣削前角 $\gamma_o = 0°$ 的直齿锥度铰刀齿槽。直齿锥度铰刀实际上可以看成锥面切削刃特别长的单角铣刀。它们的区别主要是锥度铰刀的加工精度要求较高，是为了保证铰出精确的锥孔，其切削刃刃口必须准确落在圆锥面的母线上。

图 1-153 是前角 $\gamma_o = 0°$ 的直齿锥度铰刀。铣这种铰刀，工作台横向移动量 $S = 0$。为了保证沿刃口全长上的棱边宽度均匀一致，必须使分度头主轴也需倾斜一个 α 角，α 角计算式如下：

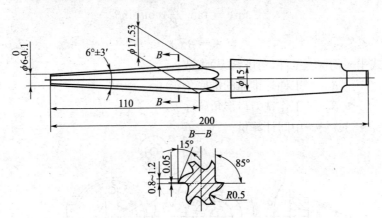

图 1-153　直齿锥度铰刀

$$\Delta h = (D - d)\frac{\sin\frac{180°}{Z}\cos\frac{180°}{Z}}{\sin\theta}$$

$$\sin\alpha = \frac{\dfrac{D-d}{2} - \Delta h}{l}$$

式中　Δh —— 锥度铰刀的大端和小端齿槽深度之差（mm）；

　　　D —— 锥度铰刀的大端直径（mm）；

　　　d —— 锥度铰刀的小端直径（mm）；

　　　Z —— 锥度铰刀的齿数；

　　　θ —— 锥度铰刀槽形角，即工作铣刀的齿形角（°）；

l ——锥度铰刀刃部轴向长度(mm)。

(2)铣削前角 $\gamma_0 > 0°$ 的直齿锥度铰刀。当锥度铰刀的前角 $\gamma_0 > 0°$ 时,为保证刃口落在圆锥母线上。以及刃口各点的前角数值相等,前刀面必须是一个通过锥顶的平面。因此铣刀齿时,工作铣刀和工件的相对位置调整如图 1-154 所示。

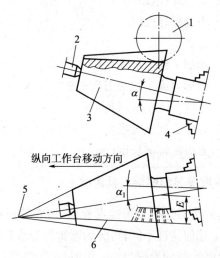

图 1-154　前角 $\gamma_0 > 0°$ 直齿锥度铣刀的铣齿

1—单角铣刀;2—尾座顶尖;3—锥度铰刀;4—分度头卡盘;

5—锥顶;6—刃口

1)分度头主轴要和水平方向倾斜一个 α 角。

2)分度头在工作台安装时,要和纵向工作台进给方向偏转一个 α_1 角。

3)工作铣刀端面刃口相对铰刀大端中心偏移距离 E。以上 α、α_1 和 E 值计算公式如下:

$$\Delta h = (D-d)\frac{\sin\frac{180°}{Z}\cos\left(\gamma_0 + \theta - \frac{180°}{Z}\right)}{\sin\theta}$$

$$\tan\alpha = \frac{(D-d)\cos\gamma_0 - 2\Delta h}{2l}$$

$$\tan\alpha_1 = \frac{(D-d)\sin\gamma_o\cos\alpha}{2l}$$

$$E = \frac{D}{2}\sin\gamma_o\cos\alpha_1$$

式中　Δh —— 大端和小端的齿槽深度之差(mm)

　　　D —— 大端外径(mm);

　　　d —— 小端外径(mm);

　　　Z —— 齿数;

　　　γ_o —— 被加工铰刀前角(°);

　　　θ —— 槽形角或工作铣刀齿形角(°);

　　　α —— 分度头主轴倾斜角(°);

　　　α_1 —— 分度头底座与纵向工作台移动方向偏转角(°);

　　　l —— 刀刃部轴向长度(mm)。

7. 铣削锥度等导程螺旋刀具齿槽

这类刀具的齿槽是一个圆锥螺旋面,而它的刃口则是一条圆锥螺旋线,根据几何特性不同,可分为圆锥等导程和圆锥等螺旋角两种。当圆锥螺旋线的导程为一定值时,它的螺旋角是一个变值,其螺旋角的大小与圆锥直径大小有关,直径越大的位置螺旋角就越大。因此锥面螺旋齿槽的铣削要比圆柱螺旋齿槽的铣削更复杂和困难。铣削中主要计算和调整如下:

(1)选择工作铣刀。最好采用单角铣刀进行铣削。单角铣刀的齿形角 θ 应等于或略小于工件法向槽形角,直径尽可能小些。工作铣刀切削方向的选择原则和铣削圆柱面螺旋槽时相同。即应尽可能使工件的旋转方向,靠向单角铣刀端面刃,也即是用逆铣方式进行铣削时,右旋工件用右切铣刀,左旋工件用左切铣刀。但是由于螺旋锥度铣刀或螺旋锥度铰刀大多数是带刀柄的,无法按上述原则选择工作铣刀和切削方向,此时应适当地调整工作台转角。

(2)调整工作台转角。等导程圆锥螺旋线的螺旋角是变化的,

即从小端的 β_d 逐步增大到 β_D。而实际上,工作台的转角 β_1 一般为固定不变的。那么 β_1 应取何值才比较合适呢? 具体而言,工作台转角 β_1 与工件槽形、工件的前角和切削过程中是否有拖刀现象有关。用单角铣刀铣削时,无论 β_1 有多大,总可以获得凹形圆弧状的工件槽形,所以第一个因素不予考虑。β_1 的选择原则取决于后两个因素,其选择原则如下:

1) 当用右切单角铣刀铣右旋齿槽或用左切单角铣刀铣左旋齿槽时,β_1 可取等于工件大端的螺旋角 β_D,β_D 可根据工件导程 P_z 和工件大端直径 D 计算。这样一方面可以避免拖刀现象,另一方面不致于使大端前角过大。

2) 当用右切单角铣刀铣削左旋齿槽或用左切铣刀铣削右旋齿槽时,β_1 应小于 β_D,以避免产生拖刀现象而使工件大端槽形不完整部分长度过长。但 β_1 不能过小,否则会造成大端前角过大。因此 β_1 一般可取工件的平均螺旋角 $\beta_{平均}$,其值可用工件平均直径 $[(D+d)/2]$ 计算。

(3) 其他的调整计算。这和铣削 $\gamma_o \neq 0°$ 的直齿锥形刀具一样,如图 1-155 所示。铣削锥度螺旋齿槽时,除了工作台横向要偏移一个 S 的距离和分度头主轴要倾斜 α 角外,分度头还必须在工作台水平面内偏转一个 β 角。

当工件为单直线齿背时,α、β 和 S 值可近似地算出。若工件为折线齿背时,可先按工件图纸大端槽深 h_D 和小端槽深 h_d 计算出深度差 Δh,然后再进行计算。

$$\Delta h = h_D - h_d$$

$$\tan\alpha = \frac{(D-d)\cos\gamma_o - 2\Delta h}{2l}$$

$$\tan\beta_1 = \tan\beta_D = \frac{\pi D}{P_z}$$

$$\tan\beta = \frac{(D-d)\sin\gamma_o \cos\alpha}{2l}$$

$$S = \frac{D}{2}\sin\gamma_o \cos\beta$$

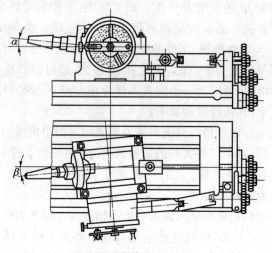

图 1-155　铣锥面螺旋齿槽时工件的相对位置

$$\frac{Z_1 Z_3}{Z_2 Z_4} = i = \frac{40P_{丝}}{P_z}$$

由于分度头偏转了一个 β 角,为了保证交换齿轮能良好地啮合,要在分度头侧轴上加装万向接头,如图 1-155 所示。计算出速比 i 后,查前面所述手册中速比挂轮表,就得交换齿轮的齿数。铣折线齿背时,为了保证刃口全长上棱边宽度一致,分度头主轴倾斜角 α 不等于铣齿后刀面的数值。因此在铣后刀面时,可用试切法来确定。

8. 铣削锥度等螺旋角刀具齿槽

等导程锥度螺旋齿刀具,由于它的导程是定值,刃口的螺旋角随直径不同是变化的。因此直径不同处的槽形干涉都是不一样的,造成被加工刀具前角值在刃口各点处是不同的。直径越小处不但螺旋角越小,而且前角也小,在靠近小端部分的刃口,前角可能为负值,所以加工出来的刀具,对切削性能影响很大。为解决这一问题,就产生了等螺旋角的锥度铣刀或铰刀。

(1)铣等螺旋角锥度刀具的方法。要保证圆锥螺旋线的螺旋角 β 不变,则它的导程 P_z 随圆锥直径的变化而变化。也就是说,在铣削过程中,在工件作匀速转动的同时,铣床工作台的直线进给速度也要随工件直径变化而作相应的变动。但在实际加工中,由于工作台丝杠是螺距的,工作台的进给速度是不变的。为了满足等螺旋角锥面螺旋齿槽的铣削要求,就必须在铣床工作台台面上增设一套专门装置,使工件在随工作台作等速直线进给运动的同时,再获得一个附加不等速直线辅助进给运动,该两直线运动的合成,应满足工件的铣削要求。

图 1-156 是等螺旋角锥面齿槽铣削装置的结构示意图。在铣床工作台上增加一层移动方向和纵向工作台移动方向相同的辅助导轨 2,在上面安装有分度头 5 和尾座 3,当摇动纵向工作台手轮使工作台作匀速直线进给的同时,通过交换齿轮使工件 4 及凸轮 8 作匀速转动。当凸轮转动时,就可推动辅助导轨上的拖板带动工件作不等速的附加直线进给运动,以形成等螺旋角的锥面螺旋槽。

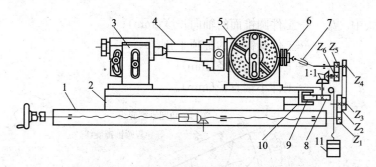

图 1-156　等螺旋角锥面螺旋齿槽的铣削装置

1—铣床工作台;2—辅助导轨;3—尾座;4—工件;5—分度头;
6—工件分度装置;7—万向接头;8—凸轮;9—滚轮;10—滚轮架;11—重锤

由于考虑到铣削大螺旋角的小导程工件需要,该装置采用分度头主轴挂轮法。因此,分度头的蜗杆与蜗轮必须脱开,工件的分齿要依靠分度头主轴后端的分度装置 6 来实现。每铣完一齿后,应将手轮反向回转,使凸轮和辅助导轨上的拖板及纵向工作台都退回到开始切削位置,然后进行分度再铣第二齿。

此外,为了使分度头主轴可按加工需要扳起一个倾斜角 α,并保证辅助导轨上的拖板能自由移动,在分度头主轴和交换齿轮之间还必须加设一个万向接头 7。

(2)设计凸轮。设计凸轮是铣削等螺旋角锥面螺旋齿槽的一个关键问题。一般等导程的圆锥螺旋线在其展开平面图上是一条阿基米德螺旋线。这种螺旋线沿圆锥母线的移动距离和工件转角之间有一定的比例关系。因此只要分度头和工作台纵向丝杠之间,配置一定速比的交换齿轮即可铣削。而等螺旋角圆锥螺旋线则不同,如图 1-157 所示。图中 l_o 是工件圆锥面母线的长度,而 ω 是圆锥面的展开角。它们的计算公式如下:

$$l_o = \frac{1}{\cos\varphi}$$

$$\omega = 2\pi\sin\varphi$$

$$\tan\varphi = \frac{D-d}{2l_o}$$

式中　l_o ——工件圆锥面的轴向长度(mm);

　　　φ ——工件圆锥面的锥顶半角(°);

　　　D ——工件大端直径(mm);

　　　d ——工件小端直径(mm)。

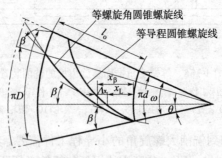

图 1-157　圆锥面展开图

根据等螺旋角圆锥螺旋线的性质，它的展开曲线上的任一点的切线和圆锥面母线之间的夹角都等于螺旋角 β，这种曲线在数学上称为"对数螺旋线"，它可以用下列方程式表示：

$$x_\beta = \frac{d}{2\sin\varphi}(e^{\theta\cos\beta-1})$$

式中　x_β——从工件小端端面算起的圆锥螺旋线沿圆弧面母线的移动距离（mm）；

　　　θ——当 x_β 相对应的工件转角在圆锥展开面上的投影（rad）；

　　　β——工件螺旋角（°）；

　　　e——常数，e＝2.71828。

由上式可见，x_β 和 θ 之间没有一个正比关系。因此在实际铣床过程中，可先根据工件小端直径计算导程，配置分度头与工作台丝杠之间的交换齿轮，使工件按等导程作匀速直线运动。台面的匀速进给和工件等速回转配合，可使工件获得一条导程 $P_z = \pi d \cot\beta$ 的等导程圆锥螺旋线，如图 1-157 所示，这是一条阿基米德螺旋线，用下式方程表示：

$$x_L = \frac{\theta d \cot\beta}{2\sin\varphi}$$

式中　x_L——是等导程圆锥螺旋线沿圆锥母线的移动距离（mm）；

　　　θ——与 x_β 相对应的工件转角在圆锥展开面上的投影（rad）；

　　　d——工件小端直径（mm）；

　　　β——工件螺旋角（°）；

　　　φ——工件圆锥面的锥顶半角（°）。

而 x_β 和 x_L 的差值为 Δx：

$$\Delta x = x_\beta - x_L$$

Δx 将由凸轮推动辅助导轨上的拖板作附加进给来补偿，此值是凸轮设计的依据。在具体设计凸轮时，按下列步骤进行：

1)计算工件母线长度 L_0 及展开角 ω。

2)将展开角 ω 分成 n 等分,并以 $\theta = \omega/n$、$2\omega/n$、$3\omega/n$……代入 x_β 及 x_L 的计算公式中分别计算出 $x_{\beta 1}$、$x_{\beta 2}$、$x_{\beta 3}$……$x_{\beta i}$ 及 x_{L1}、x_{L2}、x_{L3}……x_{Li}。总共计算的点数 i 应保证最后一项 $x_{\omega i}$ 大于圆锥母线的长度 L_0。这里还要说明的是:在计算 x_β 时要涉及到一个指数函数 $e^{\theta\cot\beta}$,它可以借助一般的对数表进行运算,但为了方便起见,也可根据 $\theta\cot\beta$ 值直接在表 1-16 中查取 $e^{\theta\cot\beta}$ 值。

表 1-16　$e^{\theta\cot\beta}$ 值

$\theta\cot\beta$	$e^{\theta\cot\beta}$	$\theta\cot\beta$	$e^{\theta\cot\beta}$	$\theta\cot\beta$	$e^{\theta\cot\beta}$	$\theta\cot\beta$	$e^{\theta\cot\beta}$
0.01	1.010 1	0.21	1.233 7	0.41	1.506 8	0.61	1.840 4
0.02	1.020 2	0.22	1.246 1	0.42	1.522 0	0.62	1.859 0
0.03	1.030 5	0.23	1.258 6	0.43	1.537 3	0.63	1.877 6
0.04	1.040 8	0.24	1.271 2	0.44	1.552 7	0.64	1.896 5
0.05	1.051 3	0.25	1.284 0	0.45	1.568 3	0.65	1.915 5
0.06	1.061 8	0.26	1.296 9	0.46	1.584 1	0.66	1.934 8
0.07	1.072 5	0.27	1.310 0	0.47	1.600 0	0.67	1.954 3
0.08	1.083 3	0.28	1.323 1	0.48	1.616 1	0.68	1.973 9
0.09	1.094 2	0.29	1.336 4	0.49	1.632 3	0.69	1.993 7
0.10	1.105 2	0.30	1.349 9	0.50	1.648 7	0.70	2.013 8
0.11	1.116 3	0.31	1.363 4	0.51	1.665 3	0.71	2.034 0
0.12	1.127 5	0.32	1.377 2	0.52	1.682 0	0.72	2.054 4
0.13	1.138 8	0.33	1.391 0	0.53	1.699 0	0.73	2.075 1
0.14	1.150 3	0.34	1.405 0	0.54	1.716 0	0.74	2.096 0
0.15	1.161 8	0.35	1.419 1	0.55	1.733 3	0.75	2.117 0
0.16	1.173 5	0.36	1.433 3	0.56	1.750 7	0.76	2.138 3
0.17	1.185 4	0.37	1.447 7	0.57	1.768 3	0.77	2.159 8
0.18	1.197 2	0.38	1.462 3	0.58	1.786 0	0.78	2.181 5
0.19	1.209 2	0.39	1.477 0	0.59	1.804 0	0.79	2.203 4
0.20	1.221 4	0.40	1.491 8	0.60	1.822 1	0.80	2.225 6

$\theta\cot\beta$	$e^{\theta\cot\beta}$	$\theta\cot\beta$	$e^{\theta\cot\beta}$	$\theta\cot\beta$	$e^{\theta\cot\beta}$	$\theta\cot\beta$	$e^{\theta\cot\beta}$
0.81	2.247 9	0.96	2.611 7	1.11	3.034 4	1.26	3.525 4
0.82	2.270 5	0.97	2.638 0	1.12	3.064 9	1.27	3.561 0
0.83	2.293 3	0.98	2.664 5	1.13	3.095 7	1.28	3.596 7
0.84	2.316 3	0.99	2.691 3	1.14	3.126 8	1.29	3.632 6
0.85	2.339 6	1.00	2.718 3	1.15	3.158 3	1.30	3.669 3
0.86	2.363 2	1.01	2.745 6	1.16	3.190 0	1.31	3.706 2
0.87	2.387 0	1.02	2.773 3	1.17	3.222 0	1.32	3.743 6
0.88	2.410 9	1.03	2.801 1	1.18	3.254 4	1.33	3.781 1
0.89	2.435 1	1.04	2.829 4	1.19	3.287 1	1.34	3.319 1
0.90	2.459 6	1.05	2.857 7	1.20	3.320 1	1.35	3.857 5
0.91	2.484 4	1.06	2.886 4	1.21	3.353 6	1.36	3.896 2
0.92	2.509 3	1.07	2.915 4	1.22	3.387 2	1.37	3.935 4
0.93	2.534 5	1.08	2.944 7	1.23	3.421 3	1.38	3.974 9
0.94	2.560 0	1.09	2.974 3	1.24	3.455 7	1.39	4.014 9
0.95	2.585 7	1.10	3.004 2	1.25	3.490 4	1.40	4.055 3

3)根据计算点数 i、凸轮工作曲线在圆周上所占的角度(一般可取 $270°\sim300°$)、凸轮基圆直径及滚轮直径作出凸轮工作曲线。在各计算点上,滚轮中心相对凸轮运动轨迹的半径 R 可计算如下:

$$R = R_0 + R_{滚} + \Delta x$$

式中　R_0——凸轮基圆半径(mm);

　　　$R_{滚}$——滚轮半径(mm);

　　　Δx——差值,也即是凸轮的升高量(mm)。

(3)计算交换齿轮

1)分度头主轴与铣床工作台丝杠之间的交换齿轮,因为采用主轴挂轮法计算,即:

$$\frac{Z_1 Z_3}{Z_2 Z_4} = \frac{P_{\text{丝}}}{P_Z}$$

式中　P_Z——导程(mm),是按工件的小端直径计算 $P_Z = \pi d \cot\beta$;

　　　$P_{\text{丝}}$——工作台纵向丝杠螺距(mm)。

2)分度头主轴与凸轮轴之间的挂轮。由图 1-156 设每铣一齿,工件的转数为 $n_\text{工}$,凸轮的转数为 $n_\text{凸}$,则:

$$\frac{Z_a}{Z_b} = \frac{n_\text{凸}}{n_\text{工}}$$

$$n_\text{工} = \frac{i}{n}$$

$$n_\text{凸} = \frac{\theta_\text{凸}}{360°}$$

式中　n——凸轮设计时的等分数;

　　　i——凸轮设计时计算点数;

　　　$\theta_\text{凸}$——凸轮工作曲线在圆周上所占的角度(°)。

(4)选择工作铣刀

在铣削等螺旋锥度铣刀时,根据经验,在铣削螺旋角 $\beta = 45°$、$Z = 3$ 的大螺旋角立铣刀时,可采用廓形角为 73° 的单角铣刀作为工作铣刀,当横向工作台偏移量 $E = 0$,工作台转角 β_1 比 β 大 2°~3°,所铣出的刀具前刀面为工作铣刀外圆切出的凹圆弧面,前角 γ。能达到 7°~8°,齿背呈抛物线状。

至于分度头主轴倾斜角 α,可按等导程锥面螺旋刃刀具计算公式确定。

(5)实例计算。由于等螺角圆锥面螺旋槽刀具的铣削计算比较复杂,现举例如图 1-158 所示的等螺旋角圆锥面螺旋铣刀的铣削计算调整如下:

1)计算圆锥面展开角 ω 和圆锥母线长度 l_o。

$$\omega = 2\pi\sin\varphi = 2\pi\sin 7° = 0.766(\text{弧度}) \approx 44°$$

$$l_o = \frac{l}{\cos\varphi} = \frac{80}{\cos 7°} = 80.6$$

2)计算工件锥面小端直径 d 和差值 $\triangle x$。

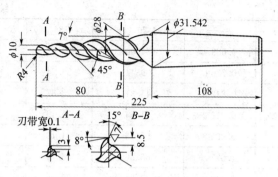

图 1-158　等螺旋角圆锥螺旋铣刀

$$d = D - 2l\tan\varphi = 28 - 2 \times 80 \times \tan7° = 8.35\text{mm}$$

然后将已知数代入 x_β 和 x_L 的计算式中计算 x_β 和 x_L：

$$x_\beta = \frac{d}{2\sin\varphi}(e^{\theta\cot\beta}-1) = \frac{8.35}{2\sin7°}(e^{\theta\cot45°}-1)$$

$$= 34.26 \times (e-1)$$

$$x_L = \frac{\theta d \cot\beta}{2\sin\varphi} = \frac{8.35 \times \theta\cot45°}{2\sin7°} = 34.26\theta$$

再取等分数 $n = 10$，并用 $\theta = \omega/10, 2\omega/10, 3\omega/10\cdots\cdots$代入上列两式计算差值 $\triangle x$。具体计算结果列于表 1-17。

表 1-17　$\triangle x$ 差值

计算点 i	$\theta = \dfrac{i\omega}{10}$	$x_\beta = 34.26 \times (e^{\theta}-1)$	$x_L = 34.26\theta$	$\triangle x = x_\beta - X_L$
1	0.076 6	2.72	2.62	0.10
2	0.153 2	5.67	5.25	0.42
3	0.229 8	8.85	7.87	0.98
4	0.306 4	12.28	10.50	1.78
5	0.383 0	15.99	13.12	2.87
6	0.459 6	19.99	15.75	4.24
7	0.536 2	24.31	18.37	5.94
8	0.612 8	28.97	20.99	7.98

计算点 i	$\theta=\dfrac{i\omega}{10}$	$x_\beta=34.26\times(e^\theta-1)$	$x_L=34.26\theta$	$\Delta x=x_\beta-X_L$
9	0.689 4	34.00	23.62	10.38
10	0.776 0	39.44	26.24	13.20
11	0.842 6	45.31	28.87	16.44
12	0.919 2	51.64	31.49	20.15
13	0.995 8	58.48	34.12	24.36
14	1.072 4	65.86	36.74	29.12
15	1.149 0	73.84	39.36	34.48
16	1.225 6	82.44	41.99	40.45

3)绘制凸轮工作曲线。设凸轮的基圆直径为 80 mm,滚轮直径为 47 mm,并取凸轮工作曲线在圆周所占角度 $\theta_\text{凸}=320°$。再将 $\theta_\text{凸}$ 分作 16 等分,滚轮中心运动轨迹在各等分点的半径按前面公式计算,其计算结果列于表 1-18。

表 1-18　各等分点的半径(mm)

等分点	0	1	2	3	4	5	6	7	8	9	10	11	12	13	14	15	16
$R=R_0+R_\text{滚}$ $+\Delta x=63.5+\Delta x$	63.50	63.60	63.92	64.48	65.28	66.37	67.74	69.44	71.48	73.88	76.70	79.94	83.65	87.86	92.62	97.98	103.95

根据表 1-18 的计算结果,绘制凸轮的工作曲线,如图 1-159 所示。

4)计算交换齿轮

①先计算工件小端导程 P_z、再计算 $P_丝/P_z$ 的速比 i,查上海科学技术出版社出版的《金属切削手册》或机械工业出版社出版的《机械工人切削手册》中的速比挂轮表,就可得到分度头主车与工作台丝杠之间的交换齿轮齿数。

$$P_z=\pi d\cot\beta=\pi\times 8.35\times\cot 45°=26.23\text{mm}$$

$$i=\frac{P_丝}{P_z}=\frac{6}{26.23}=0.228\ 75$$

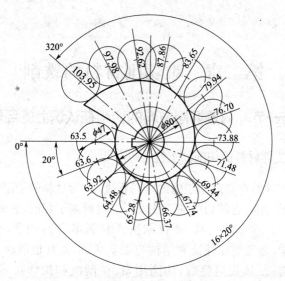

图 1-159   凸轮的工作曲线

查表后，$\dfrac{Z_1 Z_3}{Z_2 Z_4} = \dfrac{55 \times 30}{80 \times 90}$

②分度头主轴与凸轮轴之间交换齿轮，由下算式得：

$$n_z = \frac{i}{n} = \frac{16}{10} = 1.6 \text{ r}$$

$$n_凸 = \frac{\theta_凸}{360°} = \frac{320°}{360°} = \frac{8}{9} \text{ r}$$

$$\frac{Z_a}{Z_b} = \frac{8/9}{16/10} = \frac{5}{9} = \frac{50}{90}$$

第二章　难切削材料的铣削

第一节　对难切削材料的切削在认识上的经验

1. 工件材料的切削加工性

工件材料在切削加工时的难易程度,称为材料的切削加工性。材料易于切削,它的切削加工性就好。材料难于切削,它的切削加工性就差。这个难与易,不仅取决于材料本身的物理、化学(成分)、力学、金相组织性能和结构与工艺状态,而且也取决于机床、刀具材料、刀具几何参数、切削用量、切削液和操作技术等切削条件。

在切削加工某一材料时,一定要认真分析材料的性能、合理选择切削条件,决不应把切削一般材料的切削条件,用到切削难切削材料上。否则就不能切削难切削材料,而造成失败。

对于同一种难切削材料,切削条件不同,其切削加工性也会由难变易。如铣削淬火钢,用高速钢铣刀去铣削,就极为困难或不可能;用硬质合金铣刀去铣削,虽然也相对困难,但在合理的 v_c 下,能铣削;如用陶瓷或立方氮化硼铣刀去铣削,就比较容易,而且 v_c 也高。因此,工件材料的切削加工性,是随着切削条件(刀具材料、刀具几何参数、切削用量、切削液和操作技术)的改变而改变,不是固定不变的。

通过几十年的实践得出,现代所有的难切削材料都可以切削加工,只不过所采用的切削条件不同而已。这是解决难切削材料的切削加工基本思想认识方法。

2. 充分认识工件材料的性能对切削加工性的影响

一般的操作人员,由于他对工件材料的性能(如材料的物理、力学、化学和经过热处理及工艺状态等)和切削加工的特点不了解,甚至切削时相对应的切削条件了解认识选择不合理,而造成对一些难切削材料在切削中失败或极为困难。

只有对工件材料、切削时切削特点和切削条件等在理论上掌握了,就能顺利地切削好难切削材料。

切削硬度很高(大于 55 HRC)的工件材料时,应采用硬度高、抗弯强度也高和热导率高的刀具材料;切削化学活性大、易产生亲和作用和黏结性大的工件材料时,应采用抗黏结、抗扩散磨损好的和与工件材料化学元素不同的刀具材料;切削高硬度脆性材料,为了使切入切出平稳和不挤裂工件,应采用负的前角和刃倾角及小于 90°的主偏角与大于 10°的后角,切削热导率低的材料,应用热导率高的刀具材料、较低的切削速度、冷却性能好的切削液和较小的刀具主偏角,以改善散热条件;切削硬化现象严重的奥氏体材料时,应采用大于硬化层深度的切削深度和进给量,并要刀具锋利及避免刀具在切削表面停留,以免加剧刀具磨损;切削弹性模量小的材料时,刀具后角要大一些,以减小摩擦;铣削塑性高的材料时,最好采用疏齿大容屑槽刀具,有利于防止切屑堵塞。工件是材料不同而不变的,而切削条件是人控制可变的。只要合理选择切削条件,使难切削材料而变成不难切削。

3. 难切削材料及其分类

难切削材料,就是切削加工性差的材料。即材料的硬度大于 350 HB,抗拉强度 $R_m > 1\,000$ MPa,伸长率 $\delta > 40\%$,冲击值 $a_k > 0.98$ MJ/m²,热导率 $K < 41.8$ W/(m·K)的各种金属与非金属材料。现代在日常生产中,因产品性能的需要,各种难切削材料应用很多,而往往成为生产中的加工技术难题。这些材料的种类很多,性能各异,对于某一种材料,只有有上述一项指标超过,就属于难切削材料。

难切削材料的种类很多,从金属到非金属均有,大致可分为以下八大类:

(1)宏观高硬度材料。如淬火钢、硬质合金、陶瓷、冷硬铸铁、合金铸铁、热喷涂材料等。这类材料的硬度高达 55～80 HRC。切削时,切削力大,切削温度高,刀具主要是磨料磨损和崩刃。

(2)微观高硬度材料。如复合材料、岩石、可加工陶瓷、碳棒、碳纤维、硅橡胶等。它们含有硬质点相,其中有的研磨性很强,切削时起磨料对刀具磨削作用,在高速切削时还产生物理、化学磨损。

(3)加工硬化严重的材料。如奥氏体不锈钢、高锰钢、高温合金等。它们具有塑性高、韧性好、抗拉强度高、强化系数高等特点。在切削加工时,切削表面和已加工表面硬化特别严重,其硬化程度为 100％～200％,硬化层深度为 0.1～0.3 mm。由于这类材料的强度高、热导率很低,所以在切削时的切削力大、切削温度很高,从而造成刀具严重的磨料、黏结、扩散和氧化磨损。

(4)切削温度高的材料。如合成树脂、木材、石棉、硬质橡胶、酚醛塑料、高温合金、钛合金、不锈钢等。这类材料的共同特点是热导率低。切削加工时,切削温度很高,从而造成刀具的磨料、黏结、扩散和氧化磨损。

(5)高强度材料。是指抗拉强度 $R_m > 1\,000$ MPa 的材料。如高强度和超高强度钢、奥氏体不锈钢、高锰钢、高温合金和部分合金钢。由于它们的强度高,有的硬度也很高(如高强度和超高强度钢),切削时的切削力大,切削温度也较高。不仅刀具易磨损,切屑也不易折断。

(6)高塑性材料。如纯铁、纯钢、纯镍等。这类材料伸长率大于 50％,塑性很高,切削时塑性变形大,易产生积屑瘤和鳞刺,刀具主要是黏结和磨料磨损。

(7)化学活性大的材料。如钛、镍、钴及其合金。这类材料的化学活性大,亲和力强。切削时易与刀具发生黏结和扩散磨损。

(8)稀有高熔点材料。如钨、钼、钽、铌、锆等的纯金属及其合金。它们的熔点高于 1 852 ℃,是难熔金属。切削时的切削力大,切削变形大,易与刀具发生黏结和磨料磨损。

4. 材料的相对切削加工性及其应用

在相同的切削条件下,切削不同的材料,刀具耐用度就各不相同。如果规定统一的刀具耐用度,这时的切削速度就有高有低。允许切削速度高的材料,它的切削加工性就好;反之就差。

一般以切削 45 钢的刀具耐用度 $T = 60$ min, $v_c = 60$ m/min 为基准,在相同的刀具耐用度下,将切削其他材料的切削速度与切削 45 钢时的比值,称为此材料相对 45 钢的相对切削加工性,用 K_r 表示。即 45 钢的相对切削加工性为 1,相对切削加工性大于 1 的材料切削加工性就好,小于 1 的就差。表 2-1 列出典型材料的相对切削加工性

表 2-1　典型材料的相对切削加工性

材料	一般材料			难切削材料										
	有色金属	易切材料	45钢	高强度			不锈钢		高温合金			高锰钢	钛合金	淬火钢
				低合金	高合金	马氏体	沉淀硬化	奥氏体	铁基	镍基	铸造			
K_r	>3	2.5~3	1	0.2~0.5	0.2~0.45	0.1~0.25	0.3~0.4	0.5~0.6	0.15~0.3	0.08~0.2	0.08~0.1	0.2~0.4	0.25~0.38	0.15~0.3

通过长期的实践证明,已知工件材料的相对切削加工性 K_r 和不同刀具材料切削 45 钢的切削速度(如高速钢刀具材料切削 45 钢 $v_c = 30$ m/min、硬质合金刀具切削 45 钢 $v_c = 100$ m/min),将切削 45 钢的切削速度乘以这种材料的相对切削加工性,作为这种材料的切削速度,就相对合理而简而易行十分方便。如铸造高温合金,高速钢刀具切削时, $v_c = 30 \times (0.08 \sim 0.1) = 2.4 \sim 3$ m/min;硬质合金刀具 $v_c = 100 \times (0.08 \sim 0.1) = 8 \sim 10$ m/min。其他材料也是如此。

5. 难切削材料的切削特点

(1)切削力大。在相同的切削条件下,一般难切削材料的单位切削力是切削 45 钢的单位切削力的 1.25~2.5 倍。

(2)切削温度高。大部分难切削材料的切削温度,在相同的切削速度下,比切削 45 钢高 200 ℃～400 ℃。

(3)加工硬化严重。一般难切削材料,由于塑性和韧性较高,强化系数大,在切削过程中,受到刀具的挤压、摩擦、切削力的切削热的作用,产生较大的塑性变形,造成切削表面和已加工表面硬化。无论硬化程度和硬化层深度是切削 45 钢的几倍,硬度可比基体硬度高出 100%～200%,硬化层深度可达 0.1～0.3 mm,给切削加工带来了困难。

(4)刀具磨损大。由于难切削材料的切削力大、切削温度高,刀具与切屑和工件之间摩擦加剧,工件材料和刀具材料的亲和作用,材料中的硬质点和严重的加工硬化等,造成刀具在切削过程中,产生黏结、扩散、磨料、边界和沟纹磨损,使刀具很快地丧失切削能力。

(5)切屑不易折断。由于材料的强度、韧性和塑性高,切屑易出现带状屑和缠绕屑,既不安全,又影响切削过程的顺利进行。

6. 改善难切削材料加工性的基本途径

改善难切削材料的加工性途径很多,主要从切削条件上去选择,有以下几方面:

(1)选用性能优良的刀具材料。现代用于金属切削的刀具材料有五大类,它们是高速钢、硬质合金、陶瓷、立方氮化硼和金刚石。而每一大类中又分为性能各异的许多牌号和种类,它们的使用性能也有优劣之分。随着科技的进步和制造工艺的发展与进步,许多过去没有和不能加工的刀具材料得到了广泛的应用。刀具材料和刀具(片)的制造工艺的进步,为解决难切削材的切削加工,创造了有利条件。切削条件的改变,使难于切削的材料变成不难切削。如用硬质合金刀具切削纯镍,就会 100% 的失败,采用 PCBN 和 M42 高速钢就很容易;如用 PCBN 刀具和陶瓷刀具切削淬火钢就易等,将在下一节分别叙述不同的难切削材的刀具材料的选用。

(2)选择合理的刀具几何参数。大部分铣刀是刀具厂生产的,各种铣刀又有不同的几何参数,要根据不同的工件材料选用不同的相应铣刀和可转位刀片的型号,才能收到好的切削效果,否则将是事倍功半。

(3)选择合理的切削用量。对不同的难切削材料,其切削速度相差好几倍。更不能把铣削 45 钢的切削速度用于铣削各种难切削材料,否则刀具很快就磨损而失去切削能力。一定要根据刀具材料和工件材料的性能和切削特点,来选择合理的切削用量。如对硬度高、强度高和热导率低的材料,切削速度应低一些。对于加工硬化严重的材料,进给速度应大一些,而且最好采用顺铣。对单位切削力大的材料,切削深度应小一些。总之要根据具体条件灵活合理选用。

(4)选用合理的切削液。对于一般切削加工性好的工件材料,有无切削液或选用什么切削液,关系都不大。但对于难切削材料的铣削,必须选用相应的切削液十分重要,甚至关系到加工的成败。但使用 PCBN 刀具时,一定不要使用水基的切削液,否则加剧刀具磨损。

(5)对工件材料适当的热处理。通过热处理来改变工件材料的性能,达到改善工件材料的切削加工性。

(6)重视操作技术。在切削难切削材料时,一定要根据不同的材料的性能和切削特点,掌握相应的操作技术,对加工过程是否顺利完成也同样重要。如切削硬化严重的材料,刀具(特别是高速钢刀具)不要在切削表面停留,以免加剧硬化程度,给下一次切削带来困难。在铣削脆性大的材料时,为了使切入切出平稳,除选用主偏角 $\kappa_r < 90°$ 外,进给量应小一些。

第二节　难切削材料的铣削

1. 淬火钢的铣削

淬火钢是指金属经过淬火工艺处理后,其组织为马氏体,硬度大于 50 HRC 的钢。淬火钢的硬度高(50~66 HRC)、抗拉强度高($R_m = 2\,100~2\,600$ MPa),几乎没有塑性,热导率低($K = 7.12$ W/(m·K))。

在切削时的切削力大(单位切削力 $K_C > 2\,700$ MPa),切削温度很高,加之铣削是断续切削,最容易发生刀具崩刃和打刀。

(1)刀具材料。应采用硬度高和抗弯强度也高的添加 TaC 或 NbC 的细晶粒或超细晶粒硬质合金。如 YS8、YS2、YG813、YS10 等,用来制造端铣刀、立铣刀和可转位刀片;陶瓷刀片用于端铣刀。立方氮化硼(PCBN)用来制造可转位刀片和镗孔刀等。

(2)刀具几何参数。为了提高铣淬火钢刀具刃口的强度与抗冲击载荷,刀具的前角 $\gamma_o = 0° \sim -10°$,最大负前角 $\gamma_o = -20° \sim -30°$,如齿轮淬火后精滚刮削滚刀。后角 $\alpha_o = 8° \sim 10°$,主偏角 $\kappa_r = 30° \sim 60°$。若采用标准硬质合金其他刀具(片),可錾出负倒棱 $\gamma_{o1} = -10° \sim -15°$,$b_\gamma = 0.5 \sim 1$ mm,以增大刃口强度。陶瓷和 PCBN 刀片,也必须錾出负倒棱。

(3)切削用量。硬质合金刀具 $v_c = 30 \sim 60$ m/min,$f_z = 0.05 \sim 0.1$ mm/z,$a_p = 0.5 \sim 4$ mm;陶瓷刀具 $v_c = 60 \sim 100$ m/min,$f_z = 0.05 \sim 0.15$ mm/z,$a_p = 1 \sim 3$ mm;PCNB 刀具 $v_c = 100 \sim 150$ m/min,$f_z = 0.03 \sim 0.1$ mm/z,$a_p = 0.2 \sim 2$ mm。

(4)注意的问题。在钻孔时,一定要勤退出钻头,以防热胀冷缩把钻头卡在孔中折断,小直径的钻头钻孔时要特别注意这点;铣削时的切屑呈暗红色,v_c 最好一定不要使红火花绕着刀转,这时就说明 v_c 太高了或刀具刃口有缺口和太钝了。

2. 不锈钢的铣削

通常把含铬量大于 12% 或含镍量大于 8% 的合金钢称为不锈钢。不锈钢可分为马氏体不锈钢(如 1Cr13、2Cr13、3Cr13、4Cr13、1Cr17Ni2、9Cr18、9Cr18MoV、30Cr13Mo 等)、铁素体不锈钢(如 0Cr13SiNbRe、1Cr14S、1Cr17、1Cr17Ti、1Cr17M₀2Ti、1Cr25Ti、1Cr28 等)、奥氏体不锈钢(如 1Cr18Ni9Ti、00Cr18Ni10、00Cr18Ni14Mo2Cu2……等)、奥氏体十铁素体不锈钢(如 0Cr21Ni5Ti、1Cr21Ni5Ti、1Cr18Mn10Ni5Mo3N、0Cr17Mn13Mo2N、1Cr18NiL1Si4AlTi 等)、沉淀硬化不锈钢(如 0Cr17Ni4 Cu4Nb、0Cr17Ni7Al、0Cr15Ni7Mo2Al 等)。它们的相对

切削加工性为 0.3～0.6,前两种相对后三种切削加工性好一些。

由于不锈钢的塑性和韧性高,切削变形大,加工硬化严重,其硬化程度比基体硬度高 0.8～2.2 倍,硬化层深度可达 0.1 mm 以上;不锈钢的热导率为 45 钢的热导率($K=50.2W/(m \cdot K)$)的 1/4～1/2,加上切削时摩擦严重,产生的热量大,所以切削温度高,而且集中在刀具与切屑接触的界面上,散热条件差,所以在相同的切削条件下,切削 1Cr18Ni9Ti 的切削温度比切削 45 钢高 200 ℃左右。

切削不锈钢时,易和刀具产生严重的亲和作用,刀具易产生黏结、扩散和氧化磨损,致使刀具耐用度低;由于不锈钢的塑性高,切屑与刀具黏结严重,容易产生积屑瘤,使已工表面粗糙度值大。此种现象,尤其是含碳量低时最为严重;不锈钢的线膨胀系数,约为碳素钢的一倍,在较高切削热的作用下,易产生热变形,影响工件的尺寸精度。

(1)刀具材料。铣削不锈钢的刀具材料为高速钢和硬质合金。由于不锈钢的性能和切削特点,最好采用含钴、含铝的高性能高速钢,如 W2Mo9Cr4VCo8(M42)、W6Mo5Cr4V2A1(M2A1)、它们的硬度高(67～70HRC),高温硬度高(在 600 ℃时为 55HRC),比普通高速钢(W18Cr4V)高出几个 HRC,所以刀具耐用度比普通高速钢高 3～5 倍。随着硬质合金制造技术的进步,抗弯强度和硬度高的超细晶粒硬质合金铣刀(片)品种的增多,大量的取代了高速钢刀具,在生产中取得显著的效益。用于铣削不锈钢的硬质合金,应选用添加 TaC 或 NbC 的 YG 类或 YM 类细晶粒和超细晶粒硬质合金,如 YG6X、YS8、YS2、YW4、YG813、YD15 等。而且各种国产整体硬质合金铣刀大量生产,经实践证明不差于国外,价格只有国外的 1/4～1/6,还进行了适合于抗黏结、硬度高(4 000 HV)TiAlSi 涂层。

(2)刀具几何参数。由于不锈钢的塑性高,硬度和强度不高,但切削加工硬化严重和切削温度高的特点,为了减小切削变形和降低切削温度,应采用较大的刀具前角($\gamma_o=15°～25°$)和后角($\alpha_o=8°～10°$)。对于圆柱铣刀和立铣刀,当前角 $\gamma_o=5°$ 时,刀具螺旋角 $\beta=20°～35°$ 为宜,以增大实际工作前角,使切削轻快。用硬质合金可转位刀端铣时,进给前角 $\gamma_f=5°$,切深前角 $\gamma_p=15°$,切深后角 $\alpha_p=5°$,进给后角

$\alpha_f = 15°$，主偏角 $\kappa_r = 60°$，端铣奥氏体不锈钢 1Cr18Ni9Ti 的效果最好。

（3）铣削用量。高速钢铣刀，$v_c = 15 \sim 20$ m/min，$f_z = 0.1 \sim 0.2$ mm/z；硬质合金铣刀，$v_c = 40 \sim 60$ m/min，$f_z = 0.1 \sim 0.3$ mm/z。两种材料的刀具 $a_p > 0.1$ mm。

（4）切削液。粗铣时，采用普通乳化液或极压乳化液；精铣时，采用硫化油（含硫 2% 的矿物油）；铰孔时，在硫化油中添加 10% ～ 15% 的煤油；攻丝时，采 MoS2 油膏或猪油用植物油稀释、石墨粉用矿物调成膏状。

（5）铣削方式。对不锈钢的铣削，应尽量采用顺铣，以避免入刀时在硬化层上切削。端铣刀应采用不对称顺铣，以保证刀具平稳地从工件中切离。

（6）改善不锈钢切削加工性的热处理措施。对于马氏体不锈钢，可采用调质处理，提高材料的硬度，可获得好的加工性；对于奥氏体不锈钢，可采用高温退火或固溶处理，便切屑变脆和改善切削加工性。

3. 高锰钢的铣削

高锰钢是指含锰量为 11% ～ 18% 的合金钢。它具有高强度（$R_m > 980$ MPa）、高塑性（$\delta = 80\%$）、高韧性（$a_k = 2.94$ MJ/m^2）。虽然高锰钢的硬度不高（210 HB），但受到外来压力和冲击载荷后，会产生很大的塑性变形和严重的硬化现象，其硬度高达 450 ～ 550 HB（47 ～ 55 HRC），因此它的耐磨性很高。常用的高锰钢有：ZGMn13、70Mn15Cr2A13W、6Mn18Al5Si2Ti、1Cr14Mn14Ni 等。

（1）切削特点。由于高锰钢在切削过程中，产生严重的塑性变形，由奥氏体组织转变为细晶粒的马氏体组织，致使加工硬化特别严重，造成表层硬度达到 450 ～ 550 HB，硬化层硬度可达 0.1 ～ 0.3 mm，造成刀具磨损加快；切削温度高，由于高锰钢的热导率只有 45 钢的 1/4，加之单位切削力比切削 45 钢高 60% 左右，因而在相同的切削条件下，切削温度比切削 45 钢高 200 ℃～250 ℃，造成刀具耐用度低；断屑困难，因高锰钢的韧性是 45 钢的 8 倍；切削不易卷曲和折断；尺寸精度不易控制，高锰钢的线膨胀系数大，与

黄铜接近 $[a_1 = (18.2 \sim 20.6) \times 10^{-6}\,mm/(mm \cdot ℃)]$，在切削高温的情况下，很容易发生热变形，影响工件的加工精度。

(2)刀具材料。高速钢应选择含钴、含铝和高钒高速钢，如 W2Mo9Cr4VCo8、W6Mo5Cr4V2A1、W12Mo3Cr4V3Co5Si、W12Mo3-Cr4V3N 等。硬质合金应选抗弯强度、热导率和耐磨性高的添加 TaC 或 NbC 的细晶粒或超细晶粒 YG 类硬质合金，如 YG6X、YW2、YS25、YS8、YS2、YG798、YG813 等。还可以陶瓷刀具进行端铣。

(3)刀具几何参数。高速钢刀具 $\gamma_o = 10° \sim 15°$，$\alpha_o = 8° \sim 10°$；硬质合金铣刀 $\gamma_o = -5° \sim 8°$，$\alpha_o = 8° \sim 10°$，$K_r = 45° \sim 90°$，$\lambda_s = -10° \sim 0°$。为了增加刃口强度，应磨出 $\gamma_{o1} = -10° \sim -15°$、$b_\gamma = 0.15 \sim 0.4$ mm 的负倒棱；陶瓷铣刀 $\gamma_o = -15° \sim -5°$，$\alpha_o = 8° \sim 12°$，$K_r = 45° \sim 60°$，$\lambda_s = -10° \sim -5°$。使用钻头时，一定要将钻头的横刃磨窄，宽度 $b = 0.08d_o$（d_o 为钻头直径），以减小轴向力。

(4)切削用量。为了避免在硬化层上切削，提高刀具耐用度，应采用较低的切削速度和较大的切削深度及每齿进给量。硬质合金刀具 $v_c = 20 \sim 60$ m/min，$a_p > 0.3$ mm，$f_z > 0.2 \sim 0.3$ mm/z。高速钢刀具 $v_c < 10$ m/min，$a_p > 0.1$ mm，$f_z > 0.1$ mm/z。陶瓷刀具 $v_c = 40 \sim 80$ m/min，其它同硬质合金刀具。在钻孔时，应尽量采用硬质合金钻头（整体硬质合金和镶焊硬值合金刀片），$v_c = 20 \sim 40$ m/min，$f > 0.1 \sim 0.3$ mm/r，最好采用自动进刀。

(5)改善高锰钢切削加工性的热处理方法。在工艺条件许可的情况下，可将高锰钢加热到 600 ℃～650 ℃，保温 2 h 后冷却（高温回火），使高锰钢的奥氏体组织转变为索氏体组织，使其加工硬化显著下降，从而达到改善切削加工性。在工件加工后和使用前，再进行淬火处理，使内部组织重新转变为单一的奥氏体组织。

(6)注意的问题。由于高锰钢在切削加工时硬化严重，应避免刀具在切削表面停留，以免加剧硬化，给下一次切削带来困难；不管用什么材料的刀具，v_c 应低一些，a_p 和 f_z 应尽可能大一些，铣削时，应使用冷却润滑液，以降低切削温度和提高刀具耐用度；为保证刀具锋利，减小加工硬化，刀具的磨损限度（磨钝标准）应取切削一般材料的1/3～1/2。

4. 高强度钢的铣削

高强度钢(包括超高强度钢)是指那些在强度、硬度高，韧性和塑性等方面结合很好的合金钢。如Cr钢、Ni钢、Mn钢、Cr—Ni钢、Cr—Mn钢、Cr—Mo钢、Cr—Mn—Si钢、Cr—Ni—W钢、Cr—Ni—Mo钢、Cr—Mn—Ti钢、Cr—Mn—Mo—V钢等。这些钢经过调质(中温回火)处理后，具有很好的综合力学性能，其抗拉强度R_m＞1 200 MPa(R_m＞1 500 MPa为超高强度钢)，硬度在30～50HRC之间。它们在切削时，由于强度、硬度高，热导率低，切削温度比切削45钢高100 ℃以上，单位切削力比切削45钢高1.5倍左右，易造成崩刃和打刀，刀具耐用度低。

(1)刀具材料。为了提高高速钢刀具耐用度，应选用含钴、含铝和高钒高速钢，如W2Mo9Cr4VCo8、W6Mo5Cr4V2A1、W10Mo4Cr4V3A1、W9Mo3Cr4V3Co10等。硬质合金应选用细晶粒和超细晶粒的刀片或涂层硬质合金，如YS8、YS30、YS25、YT798等。还可以用陶瓷端铣刀。

(2)刀具几何参数。铣削高强度钢时，容易造成铣刀崩刃。为了提高刀刃强度，$\gamma_o=0°\sim-15°$，$\alpha_o=8°\sim10°$，$\kappa_r=60°\sim75°$，$\lambda_s=-5°\sim-10°$，$r_\varepsilon>0.8$ mm。各种铣刀几何参数见表2-2。

表2-2 刀具几何参数

刀具材料		硬质合金		高速钢	陶瓷
刀具类型		端铣刀	立铣刀	立铣刀	端铣刀
几何参数	γ_o	$-6°\sim-15°$			$-8°\sim-20°$
	α_o	$8°\sim10°$	$6°\sim10°$	$7°\sim10°$	$6°\sim10°$
	γ_s	$-3°\sim-12°$			$-3°\sim-12°$
	κ_r	$30°\sim75°$	$90°$	$90°$	$30°\sim75°$
	γ_p	$-6°\sim-15°$	$-5°\sim-15°$	$3°\sim5°$	
	γ_f	$-3°\sim-12°$	$-3°\sim-10°$	$3°\sim5°$	
	β		$30°\sim35°$	$30°\sim35°$	

(3)切削用量。高速钢铣刀 $v_c=10$ m/min 左右;硬质合金铣刀 $v_c=30\sim80$ m/min;陶瓷铣刀 $v_c=60\sim120$ m/min。当工件材料硬度高时,应选用较低的切削速度。$a_p=0.3\sim5$ mm,$f_z=0.03\sim0.15$ mm/z。

5. 钛合金的铣削

钛合金按加入不同的合金元素,可分为 α 钛合金(代号为 TA)、β 钛合金(代号为 TB)和 $\alpha+\beta$ 钛合金(代号为 TC)。其中 α 钛合金的切削加工性相对较好,$\alpha+\beta$ 钛合金的切削加工性相对稍差,β 钛合金的切削加工性相对最差。

钛合金的硬度为 $240\sim365$ HB,抗拉强度 $R_m=340\sim1\,059$ MPa,伸长率 $\delta=10\%\sim18\%$,弹性模量 $E=103\,000\sim118\,000$ MPa,热导率 $K=5.44\sim10.44$ W/(m·k),密度 $\rho=4.5$ g/cm³。由于钛合金的比强度(R_m/ρ)和比弹性模量(E/ρ)很高,是一般金属材料无法相比的。而且它的热强度也高,耐热性、耐蚀性和低温性能好,因而在航天、航空、化工和医疗等领域得到广泛的应用。

钛合金的切削特点。变形系数小,切削时切屑的变形系数接近于 1,这是它在切削时的显著特点之一;切削温度高,由于钛合金的热导率只有 45 钢的 $1/7\sim1/5$,而且切屑与前刀面接触短,散热条件不好,在相同的条件下,切削温度比切削 45 钢高近 1 倍;单位刀刃面积上的切削力比切削 45 钢大,容易造成刀具崩刃;有冷硬现象,由于切削钛合金的过程中,容易吸收空气中的氧、氮、氢、碳,而形成硬脆的表层;化学活性大和亲和力强,在切削过程中,刀具易发生黏结和扩散磨损;由于钛合金的弹性模量小,只有 45 钢的 $1/2$,工件在夹紧力和切削力的作用下,产生变形大。

(1)刀具材料。应选用高钒、含钴、含铝等高性能高速钢,如 W2Mo9Cr4VCo8、W6Mo5Cr4V2A1、W10Mo4Cr4V3A1 等;硬质合金应选细晶粒和超细晶粒的 YG 类牌号,如 YG6X、YS2、YD15、YG813、YG643 等;为了成几十倍提高刀具耐用度和成倍提高切削速度,应采用人造聚晶金刚石复合片(PCD)、人造金刚石厚膜钎焊(CVD)或立方氮化硼复合片(PCBN)作为铣刀的刀具材料。

(2)刀具几何参数。由于钛合金的塑性低,切屑与刀具面刀面接触短,切削力集中在刀具刃口附近,因此铣刀的前角应小一些。由于钛合金的弹性模量小,弹性恢复相对大,为减小摩擦,刀具后角应大一些。一般情况下,端铣刀 $\gamma_o=0°\sim5°$,$\alpha_o=10°\sim15°$,$\kappa_r=45°\sim75°$,$r_\varepsilon=0.8\sim1.2$ mm;立铣刀 $\gamma_o=0°\sim5°$,$\alpha_o=10°\sim18°$,$\beta=30°\sim45°$,$r_\varepsilon=0.5\sim5$mm;三面刃铣刀 $\gamma_o=0°\sim5°$,$\alpha_o=10°\sim18°$,$K'_r=1.5°\sim3°$,$\beta=10°\sim20°$,$r_\varepsilon=0.5\sim1$ mm。铣削时,为了使切屑不易粘在刀刃上,应采用顺铣方式为好。

(3)切削用量。高速钢铣刀 $v_c=8\sim12$ m/min,$f_z=0.04\sim0.1$ mm/z;硬质合金铣刀 $v_c=18\sim40$ m/min,$f_z=0.06\sim0.12$ mm/z。当工件硬度高时,应选用较低切削速度;PCD、CVD、PCBN 铣刀,$v_c\geqslant100$ m/min,$f_z=0.04\sim0.1$ mm/z。

(4)切削液。铣钛合金时,在条件允许的条件下,最好使用切削液,如极压乳化液和防锈乳化液,不宜使用含氯的切削液。

(5)注意的问题。为了防止铣削过程中的变形,工装安装时夹紧力不宜太大;刀具磨钝标准应选小一些,一般为 0.1~0.3 mm,以保持刀具锋利;一般情况下,铣削钛合金不会发生切屑自燃现象,只有在微量切削时才会发生。为了避免发生,除使用切削液外,不要使切屑在机床上堆集。一旦着火,应用滑石粉、石灰粉和干砂扑灭,禁止使用 CC14、CO_2 灭火器,也不能浇水,否则会加速燃烧,甚至导致氢爆炸。

6. 高温合金的铣削

高温合金又称耐热合金和热强合金。它具有高温强度、热稳定性和抗热疲劳性,能在高温氧化气氛或燃气条件下工作,目前多用于航天、航空、造船和热处理设备中。

高温合金按生产工艺不同,可分变形高温合金(如 GH2036、GH2132、GH2135、GH4033、GH4037、GH4049、GH4169 等)和铸

造高温合金(如 K211、K214、K401、K403、K407、K417、K460 等);按基本合金元素的不同,可分为铁基高温合金、铁—镍基高温合金、镍基高温合金和钴基高温合金等。

高温合金是难切削金属材料中最难切削的材料,它的相对切削加工性 $K_r < 0.2$。铁基高温合金的相对切削加工性仅为奥氏体不锈的 1/2 左右,而镍基高温合金和铸造高温合金的相对切削加工性更小,极难切削。它们的切削特点是单位切削力为 45 钢的 2~3 倍;切削区的平均切削温度高达 750 ℃~1 000 ℃,比切削 45 钢高 300 ℃左右;由于高温合金中含有合金元素的碳化物、氮化物和硼化物及金属间化合物,使刀具产生严重的磨料、黏结、扩散和氧化磨损;而且硬化严重。

(1)刀具材料。应选用高钒、高碳、含钴、含铝和粉末冶金高速钢,如 W2Mo9Cr4VCo8、W12Cr4V4、W10Mo4Cr4V3Al、W6Mo5Cr4V2Al、W12Mo3Cr4V3Co5Si 等;硬质合金应选用细晶粒和超细晶粒的 YG 类合金,如 YW4、YS2、YD15、YG813、YG643、YG610、YG6x 等;硬质合金涂层刀具,最好选用 TiAlSi 涂层,以减小黏结;还有立方氮化硼和陶瓷刀具,对铣削镍基和铸造高温合金有显著效果。

(2)刀具几何参数。在选择铣刀几何参数时,一定要根据高温合金的切削特点,使刀具的强度和散热条件好,还应保持刀具锋利。铣削变形高温合金时,$\gamma_o = 5° \sim 12°$,$\alpha_o = 8° \sim 10°$,铣削铸造高温合金时,$\gamma_o = 0° \sim 5°$,$\alpha_o = 12° \sim 15°$,立铣刀 $\gamma_o = 3° \sim 8°$,$\alpha_o = 15°$,$\beta_o = 28° \sim 35°$;端铣刀 $\kappa_r = 45° \sim 60°$,或采用可转位圆形硬质合金刀片和陶瓷刀片,铣削铸造高温合金效果好。用钻头钻铸造高温合金时,应把钻头的刃带磨成 $\alpha'_o = 4° \sim 6°$ 的副后角,防止和孔壁摩擦和黏结而使钻头折断,并把钻头横刃磨窄。

(3)切削用量。由于高温合金的硬度虽然不高,但它的强度特别是高温强度很高,而且热导率很低[$K = 3.79 \sim 17.17$ W/(m·K)],切削力大,切削温度高,为了使刀具有一定的耐用度,应采用较低的切削速度,一般为 4~20 m/min,用硬质合金铣刀铣削变形高温合金时，$v_c=15\sim20$ m/min，铣铸造高温合金时，$v_c=5\sim12$ m/min。用高速钢铣刀高温合金时，$v_c=5\sim12$ m/min，铣铸造高温合金取小值。采用 PCBN 铣刀铣时，v_c 为硬质合金铣刀的 3 倍左右。为了防止在硬化层上切削，$a_p=0.5\sim4$ mm，$f_z=0.1\sim0.15$ mm/z。铣削时应尽量采用顺铣，以提高刀具耐用度。

（4）切削液。铣削时一般采用乳化液或极压乳化液、防锈和电解切削液，以降低切削温度。但使用 PCBN 铣刀时，不能用水基切削液，而用切削油。

7. 热喷涂（焊）材料的铣削

热喷涂（焊）是一种对机械零件进行表面处理的工艺。它喷涂不同材料后，对零件进行修复，可以达到防锈、耐热、耐蚀和耐磨性能，代替优质和专用性能材料制造专用零件，具有方便、简单易行和节约的特点。它是利用电弧、火焰、等离子弧、爆炸和激光等喷涂技术，将熔融的金属、合金、陶瓷材料成为雾化，高速喷向经过清洁的工件表面上，形成牢固的附着层，而对工件进行防护和尺寸修复。根据喷涂的材料不同，喷涂后表层的物理、力学、化学的性能不同。

喷涂（焊）材料，大多是多组合的高温、高强合金。经过高温、高速喷射后的表层硬度很高。一般铜基、铁基粉末喷涂层的硬度小于 45HRC，较容易切削加工；钴基、镍基粉末喷涂层的硬度大于 50HRC，较难切削加工；钴包 WC、镍包 WC、镍包 $A1_2O_3$ 等粉末喷涂层的硬度大于 65HRC，最难切削加工。

由于喷涂（焊）材料的硬度高，许多材料的热导率很低，且喷涂层很薄。造成在切削时切削温度高，刀具磨损严重，而且刀具耐用度低，喷涂层易剥落等切削特点。

（1）刀具材料。对于硬度在 50HRC 以下的喷涂层，应选用 YS30、YS25、YT798、YG726、YG600 等牌号的硬质合金；对于硬度大于 50HRC 的喷涂层，应选用 YS2、YS8、YD05 等牌号的硬质合金。对于铜、WC 和 $A1_2O_3$ 基喷涂层可采用 PCD 和 CVD 刀具,其他喷涂层用 PCBN 刀具。端铣时也可陶瓷刀具。

(2)刀具几何参数。铣刀的 $\gamma_\mathrm{o}=-10°\sim-20°,\alpha_\mathrm{o}=8°\sim10°,\lambda_\mathrm{s}=-10°\sim-15°,\kappa_\mathrm{r}<60°$,修光刃长 $1\sim1.5$ mm 或 $r_\varepsilon=1.2\sim1.6$ mm。

(3)切削用量。用硬质合金铣刀,$v_\mathrm{c}=10\sim18$ m/min,$a_\mathrm{p}=0.05\sim0.3$ mm,$f_\mathrm{z}=0.3\sim0.6$ mm/z。用 PCD、PCBN 铣刀,$v_\mathrm{c}=30\sim60$ m/min,其它与前相同。硬度高的材料 v_c 取小值。为了防止喷涂层在切削过程中剥落,应采用较大的刀具圆弧半径,小的切削深度和较大的每齿进给量。

8. 复合材料的铣削

由两种或两种以上的不同物理、力学和化学性能的物质,人工制成的多相组成的固体材料,称为复合材料。复合材料是由金属、高分子聚合物和陶瓷三种材料的任意两种人工合成。也可以由一种或两种以上多种金属、高分子聚合物及陶瓷来制成。复合材料的种类、性能和用途,如图 2-1 所示。

复合材料现代已与金属、高分子材料和陶瓷材料并列为四大主要材料。它除用模具生产外,也常需要机械加工。

由于复合材料的性能和结构特点,在铣削时,存在着层间剥离、起毛刺、加工表面粗糙、刀具磨损严重和刀具耐用度低等问题。而不同增强基复合材料的性能和切削特点也不相同。如金属基增强复合材料,切削时会产生纤维从破断面露出、纤维从基体中拔出和纤维压入基体三种形态;陶瓷基复合材料的硬度很高,刀具磨损严重,当切入切出不平稳时,易产生崩边,而且切削温度高;聚合物基复合材料,增强纤维硬度高,而树脂较软,有的因切削温度高而软化或焦糊,又因它的热导率低,切削时也易起层或产生毛刺。

(1)刀具材料。一般应采用 YG 或 YW 类硬质合金,但刀具耐用度低。为了几十倍或几百倍提高刀具耐用度,保持刀具锋利和减小毛刺,应采用 PCD、CVD 和 PCBN 刀具(片)作刀具材料。如用高速钢刀具、最好采用 TiN 涂层后使用,只能切削增基硬度较低的复合材料。

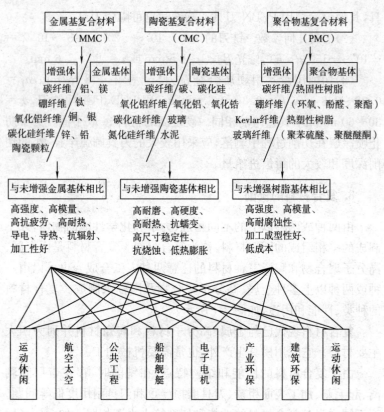

图 2-1 复合材料分类、性能和用途

(2)刀具几何参数。$\gamma_o = 0° \sim -5°$, $\alpha_o \geqslant 15°$, $\lambda_s = -5° \sim 15°$。为了使切入切出平稳,端铣时 $\kappa_r = 45° \sim 60°$。为了能顺利切削增强纤维,刀具必须锋利。

(3)切削用量。高速钢刀具,$v_c = 10 \sim 20$ m/min;硬质合金刀具,$v_c = 40 \sim 80$ m/min; PCD、CVD、PCBN 刀具,$v_c = 100 \sim 150$ m/min。a_p 和 f_z 无特殊要求。

(4)注意的问题。铣复合材料时,粉尘较大,要注意防护,以免人吸入或引起人皮肤不适,有条件可用吸尘器;一般不能用切削液,以免变质。

9. 软橡胶的铣削

一般所说的橡胶是指软橡胶。软橡胶的硬度很低(邵氏 A 型 35 ~90),抗拉强度低($R_m = 19.6 \sim 24.5$ MPa),伸长率大($\delta = 500\% \sim 700\%$),热导率极低[$K = 0.21$ W/(m·K)],它能在很大的温度范围内($-50° \sim 150°$)内具有良好的弹性、柔顺性、易变性和复原性。它的弹性模量极小($E = 1.9 \sim 3.9$ MPa)约为一般钢材的 1/30 000。所以它在难切削材料中,是最难切削的材料之一。

由于软橡胶的性能影响,在切削时有以下特点:橡胶的弹性模量极小,弹性恢复快而硬度低,切削时极易变形,当切削余量较小时,很难切下切屑,而且尺寸和形状精度很难控制;它的热导率极低,约为一般钢材的 1/300,加上刀具楔角很小,切削热难以传出,刀具易磨损变钝。

(1)刀具材料。一般采用高速钢或热导率和抗弯强度高的 YG 类硬质合金。

(2)刀具几何参数。软橡胶零件,一般是采模具热压成形后即可使用。但有时也需要各种切削加工来制造。在铣削时,除用标准刀具通用改磨成大前角铣削外。铣平面的铣刀,$\gamma_o = 45° \sim 55°$,$\alpha_o = 12° \sim 15°$,修光刀长度必须大于每齿进给量 f_z。铣槽时,应采用大螺旋角立铣刀,因为这种刀具的工作前角 γ_{oe} 大。在钻孔时,应把钻头的锋角磨成大于 $160°$,并把钻头的横刃磨得很窄,或采用图 2-2 所示的软橡胶群钻,以减小孔的收缩量。对于较大的内孔,可采用图 2-3 所示的套料刀。

(3)切削用量。高速钢铣刀,$v_c = 30 \sim 50$ m/min;硬质合金铣刀,$v_c = 100$ m/min 左右;每齿给进量 $f_z = 0.2 \sim 0.3$ mm/z,$a_p \geqslant 1$ mm;钻削时,$f = 0.2 \sim 0.4$ mm/r;套料时,$f = 0.5 \sim 1$ mm/r。

(4)注意的问题。不要使用含油的切削液,以防腐蚀变形,可以用水作切削液;橡胶坯料在铣床装夹时,要采用防止装夹变形措施,而且夹紧力不宜大,铣刀一定保持锋利。

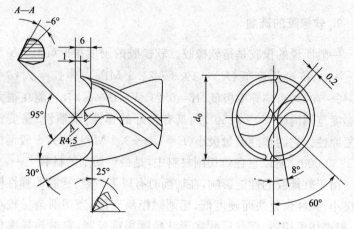

图 2-2　橡胶群钻

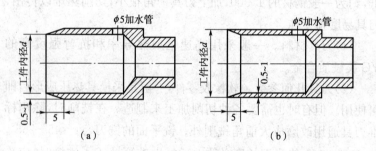

（a）　　　　　　　　　　　　　　　（b）

图 2-3　橡胶套料刀

10. 石棉板的铣削

石棉的密度 $\rho=2.2\sim2.4\ \mathrm{g/cm^3}$，硬度为 $2.5\sim4\ \mathrm{HS}$，热导率 $K=0.251\ \mathrm{W/(m \cdot K)}$，能耐 $600\ \mathrm{℃}\sim800\ \mathrm{℃}$ 的高温。它在工业上主要用于热处理炉衬板来隔热。需用在铣床上把大面积的板料切小，并在上面钻孔和铣沟槽。石棉材看起来好切削，但由于它的热导率极低，为一般钢材的 1/200 左右，造成切削温度很高，而难切削。

（1）刀具材料。高速钢刀具也可以，只是 v_c 很低加工效率也很低。最好选用耐热高、热导率高的 YG 类硬质合金铣刀。

（2）刀具几何参数。无特殊要求。为了防止崩边，在端铣时，铣刀的主偏角 $\kappa_r < 90°$，以使切入切出平稳。

（3）切削用量。高速钢刀具 $v_c < 10$ m/min，硬质合金刀具 $v_c < 80$ m/min，其他无特别要求。

（4）注意的问题。不要使用切削液，并要防尘。

11. 塑料的铣削

聚氯乙烯、聚苯乙烯、尼龙、氟塑料、有机玻璃、聚乙烯树脂等热塑性塑料。这些材料的硬度很低（9.2～17.4 HB），抗拉强度低（$R_m = 14 \sim 16$ MPa），热导率极低[$K = 0.04 \sim 0.193$ W/(m·K)]，为一般钢材的 1/175～1/450，弹性模量极小。切削时，在相同的切削条件下，其单位切削力为切削 45 钢的 1/14。虽然它们的热导率极低，但切削力小、硬度也低，所以它们的切削温不高，最高也不超过 120 ℃。由于热塑塑料的熔点低，当切削温度还没有达到熔点时，就开始变软，造成涂抹现象，而影响工件表面的光滑程度。尼龙 1010 的软化温度为 180 ℃～220 ℃，聚苯乙烯为 95 ℃，有机玻璃为 60 ℃。

（1）刀具材料。为高速钢和 YG 类硬质合金。

（2）刀具几何参数。$\gamma_o = 20° \sim 30°$，$\alpha_o = 15° \sim 18°$，由于热塑性塑料的弹性模极小，弹性恢复大，应采用较大的后角，以减小摩擦。为控制排屑方向，立铣的螺旋角 $\beta = 20° \sim 25°$。端铣刀的主偏角 $\kappa_r = 45° \sim 75°$。铣刀的容屑槽尽可能大一些。

（3）切削用量。只要切削温度不超过材料的软化温度和产生涂抹现象，v_c 应高一些，以提高加工效率。具体切削用量见表 2-3。

表 2-3　热塑性塑料铣削用量

材料名称 切削用量	聚氯乙烯	尼龙 6	聚乙烯	聚苯乙烯	聚酰胺树脂	有机玻璃	尼龙 66
切削速度 u_c(m/min)	300～500 600～800	100～140 150～180	400～600 700～800	150～200 250～400	125～150 180～300	30～60 60～120	300～400 500～600

材料名称 切削用量	聚氯 乙烯	尼龙 6	聚乙烯	聚苯 乙烯	聚酰胺 树脂	有机 玻璃	尼龙 66
进给量 f_z(mm/z)	$\dfrac{1\sim}{2}$ $\dfrac{0.5\sim}{1}$	$\dfrac{0.2\sim}{0.25}$ $\dfrac{0.05\sim}{0.1}$	$\dfrac{0.25\sim}{0.3}$ $\dfrac{0.08\sim}{0.2}$	$\dfrac{0.3\sim}{0.5}$ $\dfrac{0.08\sim}{0.2}$	$\dfrac{0.08\sim}{0.1}$ $\dfrac{0.03\sim}{0.05}$	$\dfrac{0.2\sim}{0.4}$ $\dfrac{0.1\sim}{0.2}$	$\dfrac{0.1\sim}{0.4}$ $\dfrac{0.05\sim}{0.1}$
切削深度 a_p(mm)	$\dfrac{8\sim12}{3\sim8}$	$\dfrac{3\sim5}{1\sim2}$	$\dfrac{3\sim5}{1\sim2}$	$\dfrac{3\sim5}{1\sim2}$	$\dfrac{3\sim5}{1\sim2}$	$\dfrac{1\sim3}{0.5\sim1}$	$\dfrac{1\sim2}{0.5\sim1}$

注:横线上面为粗铣,横线下面为精铣.

(4)注意的问题。要保持刀具锋利,刀具的磨钝标准VB<
0.2 mm。

参 考 文 献

[1]上海市金属切削技术协会. 金属切削手册[M]. 第 2 版. 上海:上海科学技术出版社,1984.

[2]郑文虎. 机械加工现场遇到问题怎么办[M]. 北京:机械工业出版社,2011.

[3]詹明荣. 铣工现场操作技能[M]. 北京:国防工业出版社,2008.

[4]郑文虎. 机械加工现场实用经验[M]. 北京:国防工业出版社,2009.

[5]郑文虎. 难切削材料加工技术[M]. 北京:国防工业出版社,2008.

[6]胡保全,牛晋川. 先进复合材料[M]. 北京:国防工业出版社,2006.